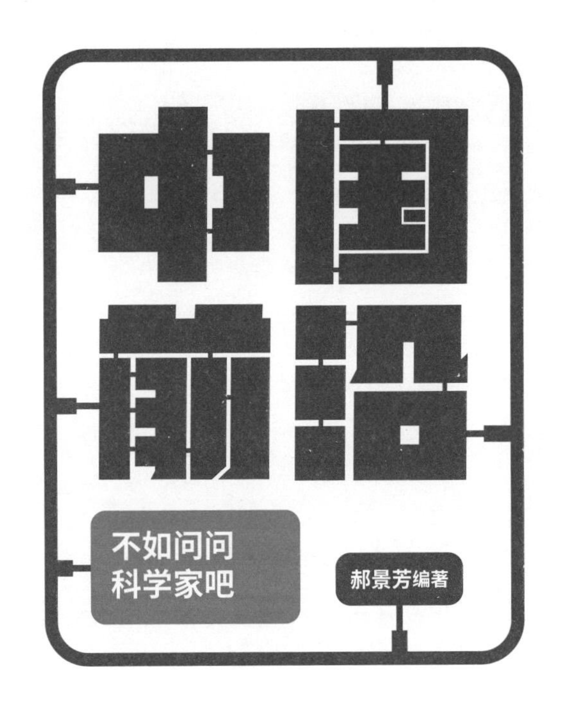

中信出版集团 | 北京

图书在版编目（CIP）数据

中国前沿：不如问问科学家吧 / 郝景芳编著 . -- 北京：中信出版社，2021.10（2022.1重印）
ISBN 978-7-5217-3612-0

I. ①中… II. ①郝… III. ①科学技术－普及读物 IV. ①N49

中国版本图书馆CIP数据核字（2021）第198393号

中国前沿：不如问问科学家吧
编著者： 郝景芳
出版发行：中信出版集团股份有限公司
（北京市朝阳区惠新东街甲4号富盛大厦2座 邮编 100029）
承印者： 天津丰富彩艺印刷有限公司

开本：880mm×1230mm 1/32 印张：9.75 字数：200千字
版次：2021年10月第1版 印次：2022年1月第2次印刷
书号：ISBN 978-7-5217-3612-0
定价：59.00元

推荐序一

技术和我们

虽然人工智能在今天已经是一个非常热门的话题，但是很少有人从社会学的角度关注它对世界的影响——人们要么神圣化它的力量，要么为它给我们生活带来的便利欢呼，但具有讽刺意味的是，很多人即便被人工智能夺走了高薪舒适的工作，成为人工智能的奴隶，也依然在赞美它，期待它变得更强大。对于其他一些热门技术，比如基因编辑、虚拟现实、细胞治疗等，大部分人的看法和做法也是如此。

郝景芳女士的《中国前沿》一书，启发我们从人类社会的视角全面地看待人工智能等新技术——作者既没有否定它们的意义，也没有一味给它们唱赞歌；既肯定了人类几十年来在新技术上取得的成就，又指出了这些技术目前的不足之处。最重要的是，作者站在技术应该如何服务于人的角度，剖析人工智能等新技术。

《中国前沿》一书有三个看点。

首先是了解各种新技术的常识。今天我们经常在媒体上看到很多深奥的技术名词，如基因编辑、脑机接口、植入性器官、个性化医疗等。大部分人其实只是按照字面含义去理解这些技术，或者根据一两篇赞扬或者反对的报道来畅想它们的前景，抑或是担心它们对我们的威胁。很多人并不是真正关心它们是怎么一回事。《中国前沿》一书通过通俗的语言给大家普及和这些技术相关的常识。

其次是了解新技术对我们的影响，对社会的影响，特别是对未来的影响。作为一名理工科出身的社会学家，郝景芳女士敏锐地注意到各种社会现象，并且有着自己独到且深刻的见解，对于未来社会的发展也有着自己准确的判断。和其他介绍新技术的图书不同的是，《中国前沿》一书把重点放在了“技术和我们”这个话题上，旨在回答技术能给我们带来什么，我们又需要什么样的技术，技术会把我们人类引向何方等终极问题。

最后是理解各种技术之间的相关性。《中国前沿》一书介绍了信息科学和生命科学领域的大量前沿技术。大部分作家会就其中一些技术进行专门的论述，但是很少涉及所有技术之间的相关性。《中国前沿》一书谈到了很多新技术，但又不是像各种科技评论那样简单地逐一介绍它们，而是重在讲解它们之间的关联性。这样可以帮助读者对未来社会的技术有全面的了解。

郝景芳女士文理兼修，她的著作兼顾了科学著作的严谨性和文学作品的趣味性。《中国前沿》一书以访谈的形式将作者关于技术和社会的思考娓娓道给读者。这本书是近年来少见的、非常新颖的科普和社会学读物。相信广大读者阅读之后一定会有所收获，特别是被启发去思考技术，思考未来。

吴军

2021 年 9 月于硅谷

推荐序二

1976 年，我出生的这一年，还挺特殊的，有评价称这是中国历史上多灾多难、极不平凡的一年。三位伟人相继离世，吉林陨石雨，唐山大地震等。

不过即便如此，也未能阻挡科学研究的脚步，邮电部门发展传真通信技术，高速大型通用集成电路电子计算机研制成功，也在这一年。

当景芳找到我，请我为她的新书作序时，基于“掌握先机”这一自身职业特性，除了想到对往事复盘，我同样注意到一份新数据。

2021 年 5 月，国家统计局公布了第七次人口普查数据，2020 年出生人口下降到 1 200 万，老龄化和少子化问题成为重大问题。

怎么办？

二胎、三胎政策陆续出台。甚至有些地方出台了生育补贴政策。但是，从鼓励生育到改变人口结构，需要几十年的时间。如何解决当下劳动力稀缺的问题？

提高生产效率，让一个人可以创造以前2个人甚至3个人的财富，才是这一切问题的根本解。可是如何提高生产率呢？

依靠科技。

无论是1976年，还是2021年，科技都举足轻重。

景芳和我谈起这本书时，我被深深地触动了。通过她手舞足蹈的讲述，我看到了那么多年轻的科学家，在各个领域想方设法做基础科学方面的研究和创新。有些让我拍案叫绝，有些让我叹为观止。我从未想过人工智能已经发展到可以模仿人类简单动作行为，甚至理解人类指令的程度。而关于基因编辑，我也仅仅是从偶然几次看到的媒体新闻中，得知有人甚至试图基因编辑婴儿！但这一事件背后的科学技术所带来的真正影响，我们不得而知。

甚至多年以来，我所认为的一些科学知识，都是错误的。这本书，告诉了我一些事实，一些正在发生的真相。

这些科学家，是中国经济的脊梁。他们正在研究的内容，可能是解决人口问题，甚至是一切问题的终极密码。无论是现在、过去还是未来，他们有的扎根于地下，埋头苦研，有的站在辉煌的台前，传递真理，却有着同样的信念，科研求真，科技向善。

我为这些科学家所感动，我为这些科学家自豪。我向你推荐他们，他们应该成为这个时代的明星。曾几何时，我们提到前沿科技的发展，会不约而同地把目光看向国外，可这本讲的恰恰是来自中国一线的科研工作者，以及他们的智慧研究结晶。

我们国家已经成为全球第二大经济体，我们的人均GDP（国内生产总值）已经超过1万美元，但是我们离富裕，尤其是共同富裕，还有不少路要走。这条路上，最不可缺少的，是科学技术，是科学家。

我推荐你读景芳的这本书。我希望你看完之后，也会像我一样，感受到科学家的情怀和科学的力量。这不仅仅是中国的，更是世界的。

像我一样相信，因为他们，这个世界会好的。

刘润

2021年9月

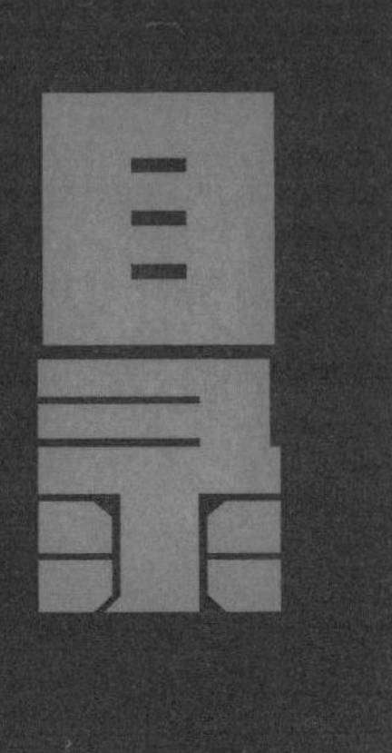

第一章

人工智能

第二章

脑机接口

第三章

太空探索

第四章

基因编辑

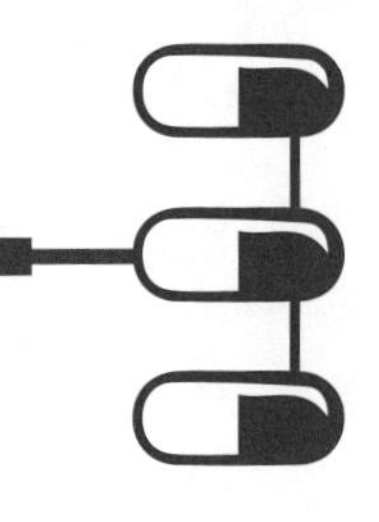

第五章

粪菌移植

第六章

机械骨骼

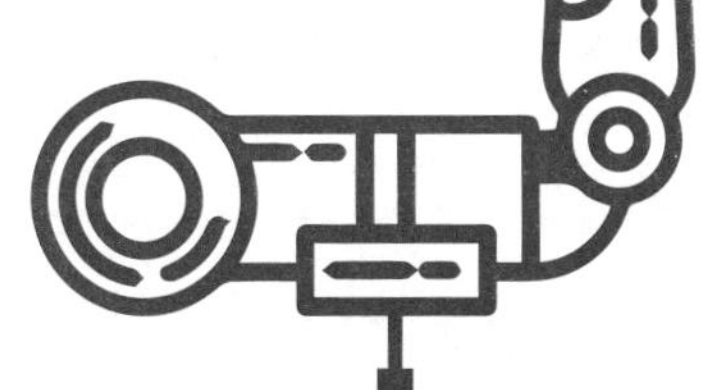

第七章

人机一体

11100100101110001010110111100101
1001101110111101111001011000010011
00011011110011010110010101111111

第一章

人工智能

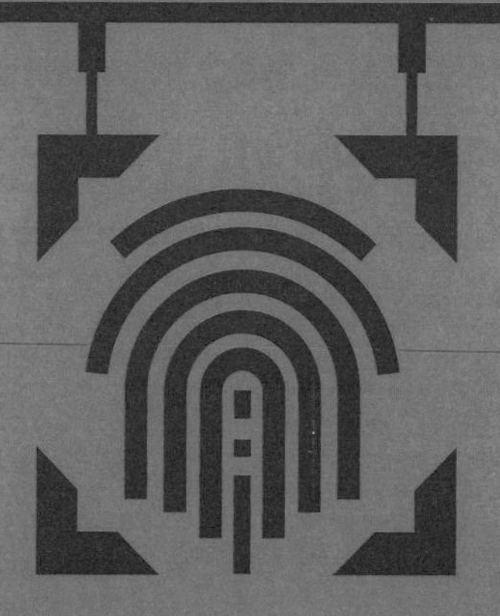

人工智能，是研究、开发用于模拟、延伸和拓展人的智能的理论、方法、技术及应用系统的一门新的技术科学。近年来，人工智能这一话题逐渐深入大众视野，而关于人工智能的定义以及它与人类的边界，一直存在不同角度的争议，也因此衍生出不同的想象。

科幻电影《机械姬》不仅探究了人工智能是否会和人类一样，还探讨了人工智能是否会超越人类甚至消灭人类。这部电影里隐含了两个有关人工智能技术发展的大问题：一个是图灵测试是否存在缺陷，另一个是人工智能与人脑的界限究竟在哪里。如果说，科幻电影是想象的艺术，可人类对人工智能的研究却在实打实进行着，而且已经有 60 年之久了！

2018 年，仅中国的人工智能相关公司总数就达到 2 167 家，而 2021 年的人工智能核心产业规模更将突破 570 亿元，其中有机器学习、大数据、云计算和机器人技术等研究。在工业、医疗、教育、公共服务等领域，人工智能更是被广泛应用。生活中，我们平时接触最多的人工智能就是智能推荐和智能导航。无论我们登录淘宝还是今日头条，都会被推送一些我们可能喜欢的事物，这些都是人工智能算法推荐的结果。

除此之外，人工智能在真人模拟、图像识别、医疗辅助等方面也有了不同程度的应用。这些都是当前深度学习人工智能能做到的事。它的特点就是需要大数据学习，通过对大数据的快速学习，达到掌握图像、声音、文本、偏好的规律的目的。这种学习非常快速高效，甚至神奇到可怕。

那么，现在的人工智能发展到哪一步了？超强人工智能什么时候到来？现实世界中的人工智能可以做些什么？为了更加深入地探究关于人工智能的问题，我与团队成员探访了类脑智能研究中心，并与中科院（中国科学院的简称）类脑智能研究中心副主任曾毅教授进行了一场基于类脑网络构建人工智能的深度对谈。

而这也是我们“十访”的第一章，一切，都还要从人类说起。

“人工智能不是未来，而是现在！它更像人类的一面镜子，映照出彼此的未来。”

郝景芳

×

曾毅

中国科学院类脑智能研究中心副主任

1 人工智能并不“智能”

比起“人工智能”，“看似智能的信息处理系统”这一称呼在现阶段似乎更加准确。

郝景芳 人工智能这个概念我们并不陌生，比起天马行空的想象，许多人更关心的是“我能用它做什么，它能给我带来什么”，现阶段的人工智能究竟发展到什么程度了，我们又该作何理解？

曾　毅 现阶段，我们看到的大部分人工智能是在某一特定领域或特定约束条件下超过人类技能的现象。在某些单一智能方面，人工智能虽然已超越人类，但是在综合智能方面，人工智能跟人类之间仍有不小的差距。随着人工智能在国际象棋、围棋、桥牌

深蓝机组之一 [1]

深蓝（Deep Blue）是由IBM（国际商业机器公司）开发，专门用以分析国际象棋的超级电脑。1997 年 5 月，深蓝击败国际象棋世界冠军卡斯帕罗夫，成为首个在标准比赛时限内击败国际象棋世界冠军的电脑系统。

阿尔法围棋（AlphaGo）与人类的对决 [2]

2016 年 3 月，阿尔法围棋在一场五番棋比赛中以 4：1 击败顶尖职业棋手李世乭，成为第一个不借助让子而击败围棋职业九段棋手的电脑围棋程序。一般认为，电脑在围棋比赛中取胜比在国际象棋等游戏中取胜要困难得多，因为围棋的下棋点极多，分支因子远多于其他游戏，而且每次落子对形势的影响飘忽不定，传统人工智能方法在围棋中很难奏效。

等求解类领域“大显身手”，似乎每天都有声音在说，人工智能正在不断超越人类，未来就不会有我们在某些领域的一席之地等，我认为要从宏观角度更全面地看待这一现象。

现在人工智能做的事情，看似像人类一样在工作，但它解决问题的方法跟人类完全不同。问题看上去是解决了，可实际上解决方式跟智能并没有太大的关系。现在的人工智能看上去很热闹，但实际上它连自己在做什么都不知道。你可以把它看作一个“看似智能的信息处理系统”。人工智能通过设置函数，来专门解决一个问题。而我们的大脑系统经由数亿年的演化，已经被训练成一个大规模的生物神经网络系统。人脑的组织结构非常类似，却能解决各种各样的问题。所以，我认为现在的人工智能技术距离我们人类的智能水平，还差得很远。

生活中简单的小事，对人工智能来说恐怕“难上加难”。

郝景芳 通过设置函数来解决问题的这些功能性网络，将来能否组合出一个超级大脑呢？

曾 毅 其实，把不同的功能组合在一起，就像堆积木，外表坚固，实则不然。它看似是在模拟人脑的行为，却跟真正系统、综合地去理解事物是两码事。人工智能的视觉系统、听觉系统等多功能系统凑在一起，能不能像人类一样综合解决问题，以及如何让它更具智能化行为，这才是问题的关键。

现阶段，人工智能对不同系统的认知功能其实是分开的。有一年冬天，我的一位朋友在研究所门前的草坪上拍照留念，后来到了夏天，他在同样的位置再次拍照，就算是场景发生了细微变化，我们依旧能判断出他是在同一个地点拍照的。

但人工智能系统给出的答案是："不，这是两个地方。因为你上次拍照的场景是一片白雪皑皑，草地也是一片枯黄。而今天，这里的图像以绿色为主要特征，跟之前的白色完全不同，这怎么会是同一个地方呢？"

所以，说得严重点，现在的人工智能系统有时会"视而不见"。即便所有信息都采集到了，它解决问题的方式也跟人脑太不同了。

再比如说，人工智能系统会把一个由红、黄、蓝像素色块随机组成的孔雀图像，认定为一只真实存在的孔雀，但人类绝对不会犯类似的认知错误。

当人类在理解一个概念的时候，我们善于用我们的感官系统来获取事物的概念、特征。但是让人工智能系统学习一个概念，就是给它几千几万张图片进行重复性训练，让它记住"这是老虎，那是长颈鹿"。当人工智能系统训练完成，运用到实际操作中时，问题就来了。

对应的人脑认知其实是下面这样的，我之前做过类似的测试。我们实验室曾经采购过一批毛绒玩具，它们的外表看上去非常像老虎，在场所有人也都认为这些是老虎玩偶。但当我捏动一个玩具，而它发出猫叫声时，现场没有一个人会再觉得这就是一个老虎玩偶了。

为什么会这样呢？因为人类在解决问题时，是将视觉、听觉、触觉信息结合在一起去学习一个概念。为什么我们会说把鸡蛋放在盒子里，从来不说把盒子放在鸡蛋里？这是因为人类理解了自然交流的语言并进行了逻辑性处理。人类懂得概念的基本属性。例如，盒子最重要的属性是容纳，英文里叫作containable（可容纳的），鸡蛋不具有此属性，盒子才有。人类会利用所有的感官系统获取对概念的理解，而不像人工智能，其学习概念只是重复性的单一训练。

和人类相比，人工智能没有自我意识。

郝景芳 人工智能可以像人脑一样具有意识吗？

曾　毅 我们经常说人类之所以跟动物有区别，就是因为人类可以有意识，但实际上人类是不是唯一具有意识的智能体？从认知科学的角度来看的话，存在不同的认识。我们也可以将其看成一个相对的概念。

如果我们跟人工智能系统做比较的话，人工智能永远不可能有意识。

为什么这么说呢？自我意识是意识的一种，通过镜像测试[①]，我们认为很多动物是有自我意识的，比如说大象、海豚。通过测试，我们可以看出海豚像人一样具有自我意识，而一些动物（比如猴子）就不能通过镜像测试。

我的一个同事花费大概五周的时间训练一只恒河猴，使得它在训练以后通过了镜像测试。当时这一实验给我的启发就是，如果我要构建一个猴脑的计算模型，要做的实验就是设计训练猴子的实验。如果猴子能够通过镜像测试，那么人工智能是不是也能够在学习后通过镜像测试？最终的实验结果是积极的，我们的小机器人通过了镜像测试。你用激光笔打到它脸上的时候，它知道你打的是它的脸，而不是其他几个长得跟它一模一样的机器人。但是在训练之前，它没有这样的意识。

当时，这件事情把神经科学方面的同事吓了一跳。他们说，这一定是个假新闻，机器人怎么可能具有意识呢？我告诉他，我并不是说机器人具有自我意识，而只是反馈了一个这样的实验结果。这个实验是我的同事设计的，既然猴子通过了测试，就说明它具备自我意识。我们将构建出的猴脑模型运用到机器人身上，它也通过了测试，你却说机器人没有自我意识，这个道理讲不通啊。我真正想表达的意思是，一个没有自我意识的机器人，却通过了镜像测试，那这到底说明什么呢？

这说明从神经学和心理学角度出发设计的镜像测试，似乎并不能作为检测自我意识是否存在的黄金标准。我想这是人工智能

拥有类脑自我感知模型的机器人通过镜像测试[3]

研究者对于基础科学的一些反思，你可以把它看作一种挑战。我认为这种挑战是正向的，这对于我们更好地理解人工智能的本质，有一定的推动作用。

郝景芳 我觉得研究人工智能，以及智能网络的最大好处，就是更加理解我们自身。比如，在了解人工智能的相关原理后，你会发现人工智能其实很难做到一些需要自我驱动力的事情。你让它做什么，它就单线程地操作什么，而不会想到还能用哪些方法解决问题。

关于自我驱动，即便你去观察一个小孩子，也能从他身上看到神奇的一面。我家有个一岁多的小朋友，有次出门旅行，到了下榻酒店后他四处张望，在看到有人把大门左边的一扇百叶窗拉下来时，他惊呆了，也乐坏了，随即跑到大门右边，想把右边的百叶窗也拉下来。

孩子的自我驱动力到底从何而来呢？除了好奇心的驱使，一岁多的小朋友居然只是因为看到有人拉动一扇百叶窗，就能判断出另一扇百叶窗也能被拉动。这些举动看似平常，但仔细想想发生过程，再代入到人工智能身上，会感觉确实很神奇。

我们人类是如何拥有这种自我意识的？马文·明斯基的作品《情感机器》说，人至少有六层自我认知，人类的意识是非常复杂的。我们越想要构建发达的人工智能神经网络，越会发现："哦，其实我们人类本身就挺神奇的。"

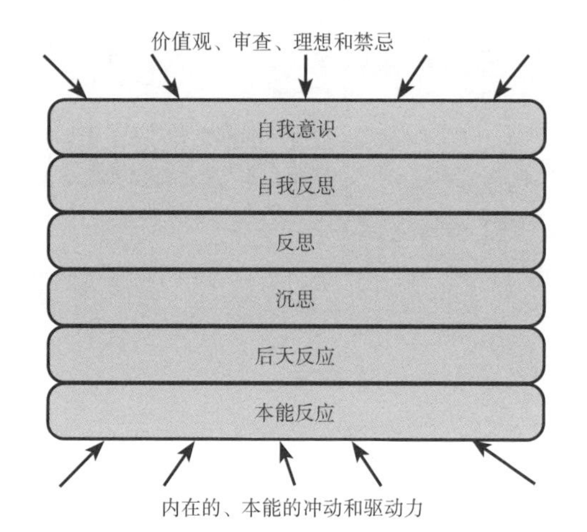

马文·明斯基在《情感机器》里提出，成人的精神活动可以分为六大层级

我们的每一种主要的“情感状态”都是因为激活了一些资源，同时关闭了另外一些资源——大脑的运行方式由此改变了。资源可以分为六个不同的层级——本能反应、后天反应、沉思、反思、自我反思、自我意识，以对想法和思维机制进行衡量。每一个层级模式都建立在下一个层级模式的基础之上，最上层的模式表现的是人们的最高理想和个人目标。

回到人工智能网络上，就算阿尔法围棋再聪明，能够战胜当时的世界围棋冠军，它也不会思考下完围棋后，接下来要做什么，还能做什么。归根结底，现在的人工智能是缺乏这种自我驱动力的。

2 类脑网络，是基于人类大脑构建出的新文明

如果说构建人工智能不需要参考人脑，那么我认为这忽略了自然界数亿年演化带给我们的力量。就像一头狮子突然开口说话了，那还叫狮子吗？脱离人类认知的人工智能，还能叫人工智能吗？

郝景芳 我们为什么要从仿人脑的角度去构建人工智能呢？

曾　毅 实际上，人类在进化发展的过程中一直以高级动物自

居。但在自然界面前，人类在整个演化过程中，并不一定是最优的，人类也还没有到达演化的顶峰。但是我们可以认为，人类在构建人工智能时，是在一个镜子中看我们自己，是在构建一种新的文明。

也有人说构建人工智能不需要参考人脑。我认为这忽略了自然界数亿年演化带给我们的力量。人类是怎么产生的？正是在数亿年的演化过程当中产生的。哲学家路德维希·维特根斯坦曾经说过，如果一头狮子会说话，我们未必能够理解它。另一位哲学家丹尼尔·丹尼特却认为不是这样。如果一头狮子会说话，我们才能很好地理解这个动物。但这对于我们理解狮子究竟是什么毫无益处，因为一头会说话的狮子就已经不是狮子了。

这不就是我们在构建人工智能时所面临的悖论吗？如果我们创造的人工智能，与人类想要的实现方式完全不一样，那还是我们认为的人工智能吗？从这个角度来讲，我们更希望受到大自然演化机制的启发，去构建未来的人工智能。更关键的是，用这种方式构建的人工智能，对于人类来讲可能是最贴近的，最容易被理解的，也是最安全的方式。你可以想象，如果用一种完全不同的方式构建人工智能，你自己也说不清楚它为什么会工作，为什么而工作。就像现在的深度神经网络系统，有很多隐藏层很难解释一样。你是宁愿相信这样的系统，还是相信一个基于数亿年自然界演化，从现有机制和结构发展而来的智能系统呢？

所以我想答案已经非常明显了。我们在构建类脑人工智能的过程中，其实是受到脑结构及其机制的启发，而不是去克隆！自然演化的过程，已经使得我们人类的大脑结构和机制进化融合得更为自洽，更适合解决问题。

郝景芳　类脑网络究竟是什么意思，基于人脑构建而成的人工智能系统，现在发展到什么程度了？

曾　毅　如果人类想从数亿年自然界演化的力量中得到启发，就要搞清楚大脑是怎么连接的，它的工作机制是什么。有关神经网络科技的研究已经有 200 多年的历史。当前人工智能之所以能被应用，可以说全靠深度学习。而深度学习就是模仿一部分大脑视皮层的学习模式。通过对神经科技的深入了解，科学家用 3D（三维）建模技术，重现一些哺乳动物的大脑原型，这种重建就叫作类脑网络，它比深度学习强几十倍。但这个复制过程并不轻松。以鼠脑为例，哪怕是一粒花生豆大小的大鼠脑中就拥有超过 2 亿个神经元，科学家也需要用科学手段把鼠脑分切成 18 000 多片，在微米尺度进行拍照，再把 1 万多张图片用 3D形式重新在计算机中建模，才能将整个大鼠脑中的神经结构网络完完全全地还原。

鼠脑是目前人类在微米尺度重建哺乳动物大脑模型的极限。一般鼠脑大概有 2 亿个神经元，猴脑则是 60 多亿个神经元。如果我们想构建猴脑模型，在现如今的科学技术条件下，实现这一点还存在着巨大挑战。更不用说具有大概 860 亿个神经元的人脑了，

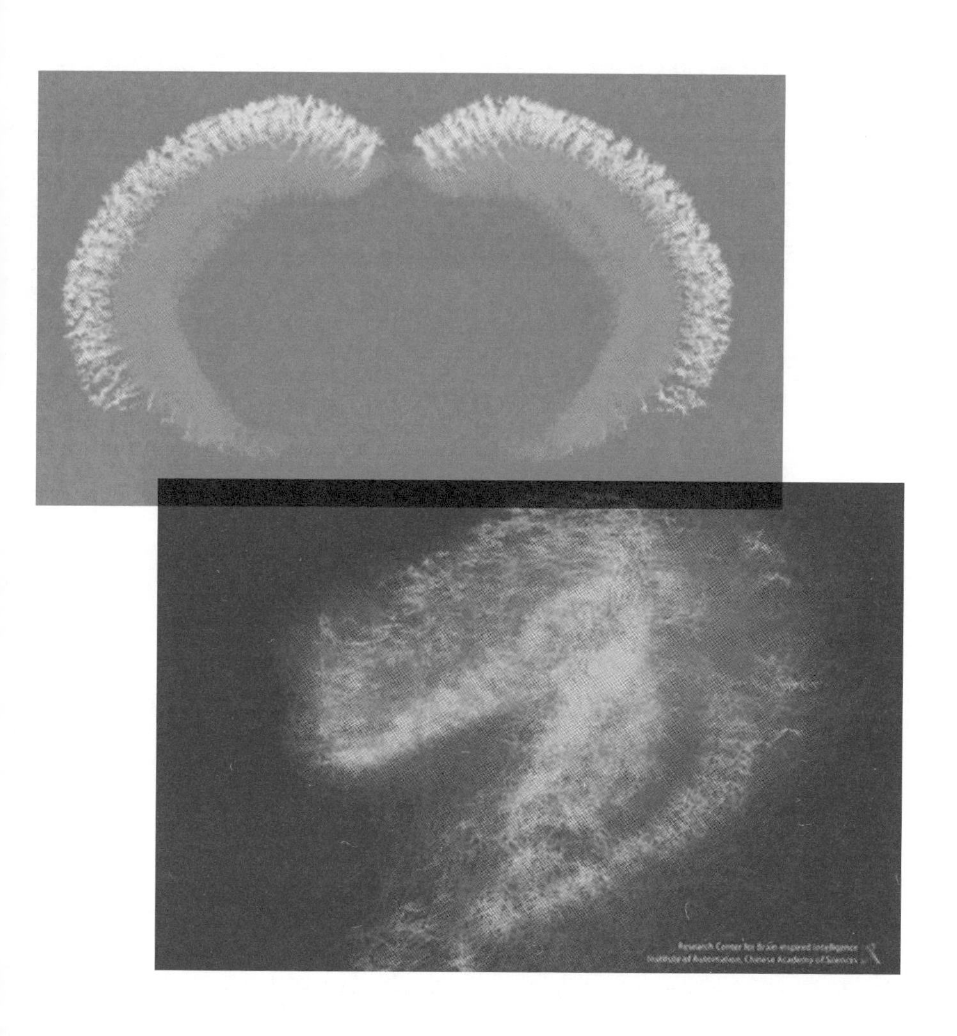

小鼠脑与记忆相关的海马区脉冲神经网络模拟[4]

挑战难度只会更大。

我们只告诉了机器人什么是对的、什么是错的，但从来没有告诉它们对的原因和错的理由。

曾　毅　但要注意的是，结构只是一方面，机制才是更重要的。也就是，如何用它去解决问题。我们构建类脑神经网络，是希望它可以解决一些现实世界的问题。比如，我们可以用它构建一个近似人脑的决策系统，安装在无人机上，使其具备一定的类脑智能网络思维，“知道”躲避障碍物。

更甚的是，你可以让机器人学习理解人类的意图。比如，父母表达对孩子的喜爱时会招手说“宝贝快过来”。最开始你可能不知道这种动作语言代表什么，但当你过去并得到一个微笑或是拥抱时，你会下意识记住，这代表喜欢、开心。下次父母再冲你招手时，你可能不假思索就过去了。

郝景芳　就像那个著名的实验，巴甫洛夫的狗。

曾　毅　如果有陌生人向你招手，哪怕面带微笑，在了解这个行为的本质前，你仍然到对方那里的话，后果可能不堪设想。这类陌生人带来的不愉快甚至是可怕的经历，同样会让我们理解并记住，不是所有的招手、微笑都是真正友善的。下次再有人做出相应举动时，我们自然会做出适当的判断。但像这样看似简单的手势意图理解能力，现在的人工智能系统并不具备。

据此，我们构建了一个基于奖赏机制的类脑决策系统，它能够帮助机器人基于我们的奖赏机制获得这种能力。但这跟现在的计算机强化学习不同，现在用得更多的还是深度强化学习模型，其可理解性依然很差。当前人工智能学习最大的瓶颈在于，我们只告诉了机器人什么是对的、什么是错的，但从来没有告诉它们对的原因和错的理由。

郝景芳 我听过这样一种说法，这类深度强化的学习网络，还是一种统计，所以它才那么依赖大数据。假如真有人经过一万八千次试验才辨别出手势背后的意义，可能其中有一万七千次都被人打了，人工智能会说："经过统计论证，一万八千次里面有一万七千次都被打了。所以招手跟打屁股是有联系的。"当然这个次数和结论，我们人类一听就知道是不必如此的。我小时候因为某一次上学迟到被罚抄作业，下回就记住了。

像这种单一样本的小数据学习统计，我们人类就能举一反三，吃一堑长一智，到底是怎么做到的？它需要在我们的智能系统里构建一种因果关系，即我因为某事得到某种结果，从而建立事物的因果联系。那么下次遇到类似事件时，为了避免出现此果，我就舍弃这个因。可因果关系看似容易，当你真的把它用数学语言表达出来后，你会发现我们所说的很多因果都是相通的，人工智能是需要用大量的数据相关联才能得到的。但我们人类不是这样的，不过就是两个字——“理解”，我们人类就是能理解大多数事件背后的因果关系是什么。这种能力其实是很稀有的，那类脑智能是如何“理解”的呢？

曾　毅　“小数据学习”这个概念很有意思，一方面，你提到的不是学习两个同时发生的东西，而是学习它们之间的因果关系；另一方面，人有小数据学习的能力，是建立在他有大规模先验知识[②]的基础上。比如，我们学习一个东西时，为什么通过几个事例就学会了？因为我们先有了相关概念，我们知道如何学习一个概念，有大量的先验知识在一定程度上帮助我们。去接触并获取新事物的同时，你会利用先验知识理解一个新的场景和一个新的概念。

所以从某种程度上讲，你又不能把人简单看成一个小数据的学习系统。因为在人类还未出生，身处母体中时，就已经开始获取大量的先验知识。婴儿一出生就有吮吸的能力，随着身体发育其更多天然行为慢慢凸显。所以我在想，如何能使一个人工智能系统基于“理解”获取先验知识，在先验知识的基础之上，利用小规模的数据，快速学习未知概念。这对于人工智能未来的发展来说是一个巨大的挑战，至少现在还做不到。

3 人工智能会变“坏”吗？

人工智能的善与恶，要看人类怎么定义，如果人工智能想当人类的伙伴，就要符合人类的道德伦理框架。

郝景芳 未来人工智能的发展，会对人类构成威胁吗？当人工智能没有统一的道德标准约束时，我们又该怎样看待人工智能和人类的关系？

曾　毅 提到人工智能的道德学习，就不免要说到“道德机器”。但是人类的价值观本身在不同文化面前就存在差异，那这些机器到底能不能对此进行学习？

首先，它能不能够真正地理解人类的价值观？

具体来说，就是在不同的文化中，人工智能如何学习这些差异。

比如把遛狗这一简单的人类活动交给机器人，在遛狗的过程中，狗突然咬伤在草坪上玩耍的儿童，这个时候机器人是选择立刻上前施救，还是仅仅因为一个“禁止践踏草坪”的道德约束，就不去阻止狗伤人呢？这个场景看似简单，但其实它背后的处理决策过程足够复杂。这反映了一个问题，那就是我们人类的道德决策其实并没有那么简单。真正让一个机器“理解”抉择，而不只是遵守规则，这才是非常重要的。

再来说一个场景，比如让我们构建的护理机器人照顾老人。老人说进来先敲门，应门后才能进入，机器人照做了。但有一天老人病了，机器人敲门了却无人应答。那机器人会怎么做呢？它明明“知道”里面的老人可能病了，发不出声音了，但它还是选择继续在门口等。它认定的模式是“老人应允后才能进门，在他没有给出明确答案时，我不能进去”。这样对吗？所以看似普通的生活场景，背后隐含着我们对人类的价值观、伦理道德观的真正理解和嵌入。

再比如，你去参加跑步竞赛，为了拿到第一名以最快的速度奔跑。这时如果突然出现一个6岁孩童挡住了你的去路，你是一心只想赢得比赛，直接推开他，还是哪怕速度过快不慎摔倒，也都本能地避开他？我想大多数人的答案可能是后者，没必要为了比赛的输赢而故意伤害一个孩子。所以人在解决问题的时

2019 年高分科幻电影《吾乃母亲》[5]

影片讲述一位少女在人类灭绝后，被一个用于构造生命让人类重现于地球、被称为“母亲”的机器人创造，而被人类制造出来的人工智能“母亲”在对人类“女儿”进行教育的过程中，提出了独特的道德问题：假设有五个患者正在焦急等待不同的器官救命，这时出现了第六个病人需要被治疗，可第六个病人身上的器官跟前五个病人刚好兼容。是救第六个人，还是拖着不治以其器官拯救前五个病人？

候，思路跟现代计算机是完全不一样的。计算机为了得到最大的奖赏，或者最少的惩罚，就会以解决目标问题，尽量以最快的速度完成人们为它设立的预期目标。那么这样的话，它做出的选择极有可能是把孩童推开，这是最省时省力又能赢得比赛的方法。这就是看似智能的信息系统，与我们人类解决问题时的最大差距。

关于未来的人工智能系统愿景，可以参考日本的模型。他们将人工智能比喻为“人类的准成员”，即人类的伙伴。这样的设定也是比较有特点的。这也不难想象，我们从小看的日本动漫作品《机器猫》和《铁臂阿童木》中就有这样的例子。早在几十年前，日本对人工智能的设定就是人类的朋友。但是，如果人工智能想当人类的伙伴，就要符合人类的道德伦理框架。

所以如果有一项技术，能实现人类跟机器人价值观的校准平衡，我觉得这是未来人工智能研究的一个圣杯，也许未来的人工智能系统向伦理道德观的框架倾斜，是它必须具备的一个组件，甚至是最为重要的一个组件。否则的话，人工智能系统恐怕永远都不可能成为人类真正的伙伴，这也说明了发展人工智能伦理道德观的重要性。

未来高度发达的人工智能所面临的任务，可能更多的是“纠正”，而不是“模仿”。

郝景芳 埃隆·马斯克说过，如果人工智能未来会消灭人类，可能不是因为恨人类，只是因为它需要完成一个目标，一不小心或者不得不把人类消灭了。比如，当人工智能得到的任务是在地球种满番茄，结果你挡了它种番茄的路。当你成为它完成这一既定目标的障碍时，如果没有相应的“优先次序”伦理道德观提前嵌入，你就会被牺牲掉。这会是未来人工智能发展过程中人类面临的一种潜在危机。

其实，我比较推荐在有关人类的生死安全问题上，对人工智能采取一些预防性措施，提前“意识植入”或程序设定，像阿西莫夫的机器人三大定律③。但是其中比较复杂的地方在于，如果不设置生死，而是其他的一些道德准则，它就会面临选择问题了。

举个例子，假如一个小孩有一个机器人朋友，小孩做了一些不想告诉妈妈的事，比如偷拿了家里的钱财物品。他跟机器人说：“你千万别告诉我妈妈。”而此时，这个机器人就遇到了一个道德问题，但有一些道德律令可能是已经在程序中形成的，即它知道偷拿东西是不对的。但是，这个机器人也面临着另一个道德抉择：“如果小孩是我的朋友，忠于朋友也是一种道德准则，那到底是遵循看到有人偷东西要举报的准则，还是自己应该忠实于友情的道德准则？”

对大众来说，这其实也是“鱼和熊掌不可兼得”的两难选择，那机器人该如何去判断？这不涉及保护人类生命的“圣律”，而是在日常生活中会频繁遇到的，是没有正确答案的两难选择。面对这种情况，人工智能究竟要怎么办？这也是未来在人工智能飞速发展的过程中需要好好解决的问题。

曾　毅　这就是现在数据驱动人工智能最关键的一个伦理问题，即数据的偏见问题。基于统计大概率是这样的，但实际上它就是还没有具备真正的理解力，或者说远未达到人类想要的程度。

所以现在很多人用智能推荐系统求职时会遇到这种情况。如果求职者是女性的话，系统会推荐一些含底薪的基础性工作；如果求职者是男性，那么会出现高管、总监等要求领导力、行动力的工作岗位。有人说人工智能有偏见，实则不然，有偏见的是它基于的大数据。可能同类职业显示90%是男性，人类社会中的偏见被数据捕捉到了，而数据的特征被人工智能学到了。所以人工智能不具有偏见，具有偏见的是这个社会。

类似这样的人工智能数据捕捉，其偏见都是由于对真实世界的理解能力远远不够，如果未来的人工智能系统能够真正帮助人类社会纠正偏见，就会更有意义。对于应该给女性求职者推荐有底薪的基础性工作这种情况，如果一个人工智能系统告诉你“这样的判断是具有性别偏见的，你不可以做这样的决策”，那才是真正的智能。

郝景芳 但前提条件是，我们需要一个人工智能伦理委员会告诉它不应该有性别偏见。可是如果制造人工智能的人认为女性应该从事低薪行业，男性应该从事高薪行业，他本身就觉得性别偏见是正确的，认为男性应该统治世界，那么他赋予人工智能的伦理道德观就是不平等的。我们怎么来决定谁给人工智能输入正确的代码呢？

曾　毅 我国知名哲学家，社科院（社会科学院的简称）的赵汀阳老师有一个很有意思的观点："拟人化的人工智能是一条错误的发展道路，因为人类的情感和价值观就是我们仇恨、敌视的来源，所以模仿了人类的情感和价值观的机器人，会像我们现在的人类一样危险。"他要表达的意思，并不是对人类失望，而是说人类不完善的那一面，有可能被计算机学到，特别是我们所说的人类不好的价值观。如果我们自身的价值观是不正确的，那么生产的人工智能系统就非常危险。

根据阿西莫夫的三大定律，为什么是保护你而不是保护我自己？为什么保护的是人类而不是机器人？又由谁来代表人类？一旦人工智能获得了这种反思能力，它就会挑战人类的伦理道德和价值观。但是，我们也要深刻思考人类的伦理道德和价值观是不是有问题。

我的一位朋友，耶鲁大学生物伦理中心主任温德尔·瓦拉赫写了一本书，叫《道德机器》。在那本书的中文版封面上，有这样一句话："永远把机器关在道德的牢笼里。"我看到这句话觉得很不舒服，提出了质疑，他却坚持这句话是对的，并且要刊在英文第二版上。我说："如果这样的话，你就不要给我看你的书了。"我不同意这句话，为什么呢？在2015年的时候，人工智能可以看着网络视频学会炒菜。然而我们现在要构建更高智能的人工智能，教它理解电影里面的场景。你可以设想这样一个场景：30年之后，超级智能真正到来的时刻，人工智能在网络上看到人类如何对待机器人的视频。到底是人类在牢笼里还是机器在牢笼里？这是一个很难回答的问题。

他听完笑得很大声，但始终没有给出问题的答案。我想，我们现在并不确定人类的道德伦理、价值观就是最优的，构建以人类为中心的人工智能伦理观，真就那么好吗？还有一个策略是以生态为中心，因为人类是生态的一部分。1950年艾伦·图灵写《计算机器与智能》（*Computing Machinery and Intelligence*）的时候，文章中有句话，大意为，我们应该以宇宙为中心的视角，来构建新兴科技的伦理问题。所以我觉得人类能够看到的是很小的一部分，要往前一点点。即使是这样，也还有很多问题亟待解决。

郝景芳　所以科幻照进科学，科学也照进科幻。这本来就是一个思想实验的共生体。像刚才讨论的未来人工智能是否可以真的审判人类，我其实写过这样一个法庭故事。人工智能误判了人类，它从表面看事实是一回事，但深究内里是不对的。这样一个故事就是从我了解到的人工智能原理中得来的灵感。所以想写关于未来的故事，我们本身就应该多去学习一些前沿科技知识。久而久之，未来人工智能更像人类的一面镜子，映照出彼此的未来。

文中相关注释：

① 镜像测试，一个自我认知能力的测试，它基于动物是否有能力辨别自己在镜子中的影像而完成。该测试由戈登·盖洛普在 1970 年部分基于查尔斯·达尔文的观察结果所提出的。在参观动物园时，达尔文向一只猩猩举起一面镜子，并记录了该动物的反应，包括做出一系列面部表情等。达尔文注意到这些表达的意义是模糊的：它们既可以表示该灵长类动物是在冲着它以为是另一只动物个体做出表情，也可能是和一个新玩具在进行某种游戏。

② 先验知识，即不依赖经验的知识，比如，数学公式 2+2=4，“所有的单身汉一定没有结婚”等。

③ 机器人三大定律，一般指机器人学三定律，最早出现于 1942 年阿西莫夫所著短篇小说《环舞》。第一定律，机器人不得伤害人类个体，或者目睹人类个体将遭受危险而袖手不管；第二定律，机器人必须服从人类给予它的命令，当该命令与第一定律冲突时例外；第三定律，机器人在不违反第一定律、第二定律的情况下要尽可能保护自己的生存。

11100100101110001010110111100101
100110111011110111100101100010011
0001101111100110101011001010111111

第二章

脑机接口

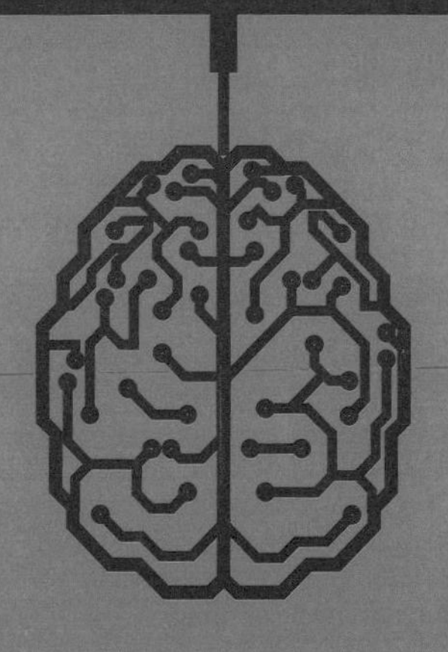

脑机接口，顾名思义，是让人脑和计算机连接的技术。简单来说，脑机接口是让人脑和机器直接沟通的一种系统方法，它既可以让人脑与机器互联，也可以让机器读取人脑的信息，还可以让人脑接收机器的信息。它是人脑与机器之间的一种双向连接。

詹姆斯·卡梅隆的经典科幻电影《阿凡达》里，下身瘫痪的男主人公通过戴在头上的设备，用意念操控人造生物阿凡达，让阿凡达代替他完成恋爱、约会等各种行为。这其实就属于脑机接口技术。而电影里进一步呈现的，通过大脑与电脑相连，再用电脑操控更多设备，也代表了脑机接口技术未来更多的可能性。

如今，这种技术并不仅仅是科幻电影里的想象，而是已经成为现实，甚至开始影响我们生活的方方面面。特斯拉和美国太空探索技术公司的掌门人埃隆·马斯克，对脑机接口技术有一些观点和规划。马斯克认为，人类的大脑必须与机器实现连接，才能对抗人工智能的冲击。他甚至表示已经找到了让用户直接用意识打字的方法。他还希望以脑机接口为突破，实现人机交融，譬如，通过一部苹果手机就可以获得人的想法，并控制人脑。

而在国内，也有越来越多的科技界人士参与脑机接口的研究。2018 年首届零一科技节上，陈晓苏博士将脑控机器人搬上了舞台，为我们提供了一种全新的人脑交互体验，或许在不久的将来，一旦人的大脑与计算机实现更好、更快的交流，人与人之间、人与计算机之间的交互效率将会实现质的飞跃。

“作为科幻电影里的大热门，脑机接口已经成为家喻户晓的黑科技。但这一次，我们不仅要探寻科幻电影里的科技，还要看科幻如何照进现实。”

郝景芳

×

陈晓苏

曾参与大亚湾中微子物理实验

获国际基础物理突破奖

1 脑机接口的第一步——探测脑磁

你的大脑无时无刻不在“放电”。

郝景芳　脑磁是怎么探测到的，它的原理是什么？

陈晓苏　事实上，脑磁信号在日常生活中较为少见，它更像脑电波遥感。这个概念听起来玄乎，实则不然。一般来讲，我们在监测大脑信号时，会在头上放接触电极，从头皮采集身体信号。但大脑在运转时，神经上的电流会辐射产生磁场。这个磁场类似于手机无线电信号，直接从空气中传出。我们可以依靠一些特殊手段，接收大脑神经活动时所辐射的电磁波，但它的信号感会很弱。所以，要想真正探测脑磁，有两种方法。

方法一，利用超导线圈。当闭合线圈中的磁场发生变化时，会产生感应电流。传统的线圈电压能够产生电流，但电流太小，其电子会直接将电流消耗掉，导致探测不到。超导线圈没有电阻，所以能够探测到大脑辐射出来的电磁波。但该技术相对陈旧，探测精度不高，且超导线圈是超低温的，所以很难在日常生活中进行实质性的大规模应用。

方法二，使用光泵磁力仪。光泵磁力仪是一种量子技术，原理是单原子碱金属气体在外磁场下进行拉莫尔进动①。在拉莫尔进动的过程中，原子对激光的吸收会有一个圆偏振的选择吸收特性。我们可以把一团碱金属气体放在大脑旁边，然后用一束激光打过碱金属气体，探测它吸光的激光强。或者更具体地说，测一个圆偏振光吸收的选择特性，就能够探测其相应的拉莫尔进动速度。测出拉莫尔进动速度后，就能计算出磁场。这就是目前最新一代的大脑电磁波探测方式，是非接触、非植入，对身体无害的高精度脑信号探测仪。

郝景芳　简而言之，其实人类大脑每时每刻都在进行很多电流活动，神经元变化产生电流，进而有电磁波，像微波炉一样向外发射。顾名思义，电磁波就是有电有磁，所以我们探测脑电波，就是探测脑电波或者脑磁。

探测脑电波里面的脑磁，就是用一些特殊的气体（比如碱金属气体）在脑磁场里发生反应，进而让光谱产生一些变化。那么，

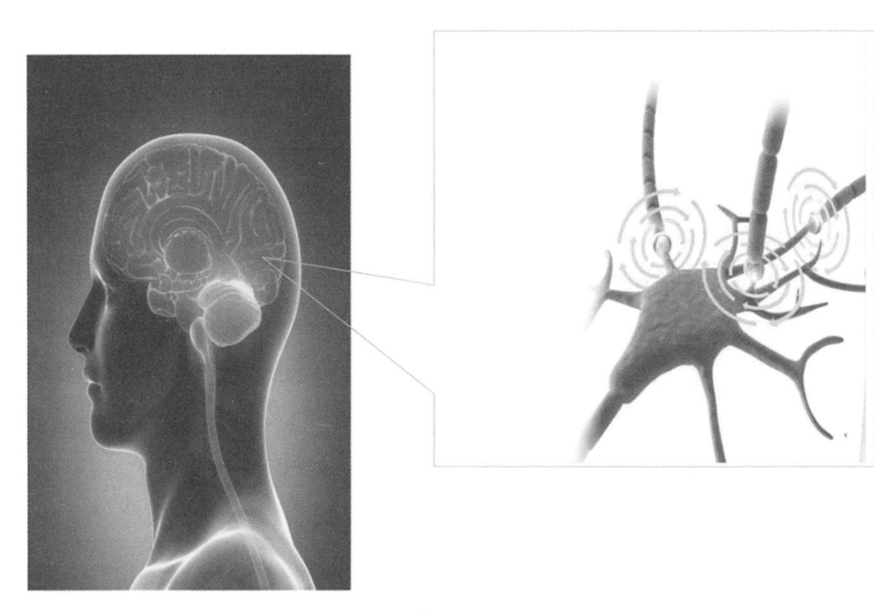

脑磁探测原理

神经元上有电流流过时，便会在神经元周围产生微弱磁场。对大脑这些神经元产生的磁场进行探测和记录便得到脑磁图。

这跟塞曼分裂[②]有关系吗？比如一个原子能级，但是在磁场里面会有光谱。

陈晓苏 这其实跟塞曼分裂很像。

首先，它的吸光本身就是利用塞曼能级分裂，吸收不同的光子。咱们学物理时也知道，原子其实可以当作一个小的陀螺，是原子外电子绕着原子核转，同时小电子又可以当作一个小的线圈，小的电流，所以它又能够产生一个磁场，相当于一个原子小磁针，这个小磁针在外磁场下会受力。

另外，电子绕原子核旋转相当于一个陀螺。陀螺在磁力的作用下会产生进动效应，即拉莫尔进动。进动的陀螺是一种量子效应，所以并非在任何角度都可以存在，只能存在于不同的能级上。这些不同的能级就被称为塞曼能级。

我们知道，在量子力学上，这个小陀螺可以通过吸收光子的能量转得更快，那么它就可以从低能级跃迁到高能级。在三个能级的上下跃迁过程中，它就吸收了不同圆偏振的光子。那么吸收的这些光子，反映出来就是陀螺的拉莫尔进动旋转速度，进而反映出外磁场的强度，磁场就是大脑辐射出来的电磁波的磁场。

郝景芳 这里关键词有量子，有脑电波，还有拉莫尔进动，所以一般人真的难以区分量子脑波技术和量子脑波速读，究竟哪个更靠谱，如何去判断？怎么能让大众更好地理解一些晦涩难懂的原理，从而不被一些看似玄乎的概念忽悠了？

陈晓苏 简单来说，大脑哪个区域活动越强，那么附近的脑磁辐射或者电磁波辐射就越强，跟手机差不多。比如你动右手，那么左脑这块辐射就会增强，反之则右脑辐射增强。

郝景芳 总而言之，通过上述两种探测方式，可以看出脑磁的磁场强弱。把这些信号记录下来后，能够较为精确地看出人类大脑中随时随地变化的那些脑电流信号、脑磁信号。如果未来的研究和技术，能够精确分辨出哪种信号意味着人类大脑里进行着哪种活动，就可以读出你的思想。

只靠磁场探测，就能读出你心中所想。

陈晓苏 脑磁学实验的神奇之处在于，我不用接触你的身体，而是在距离你几厘米处放一个探测传感器，然后让你阅读或是想象一些身体动作，看我能不能读出这些思想、动作，这是能够做到的。它不需要采集你的表情，也不用装摄像头，完完全全只靠磁场探测，就能够读取你心里的一些想法。

郝景芳 像是阅读、做动作这类行为，其脑电波有相应的特征。但如果我在脑海中假想出一个苹果，或是一个橘子，也会出现相

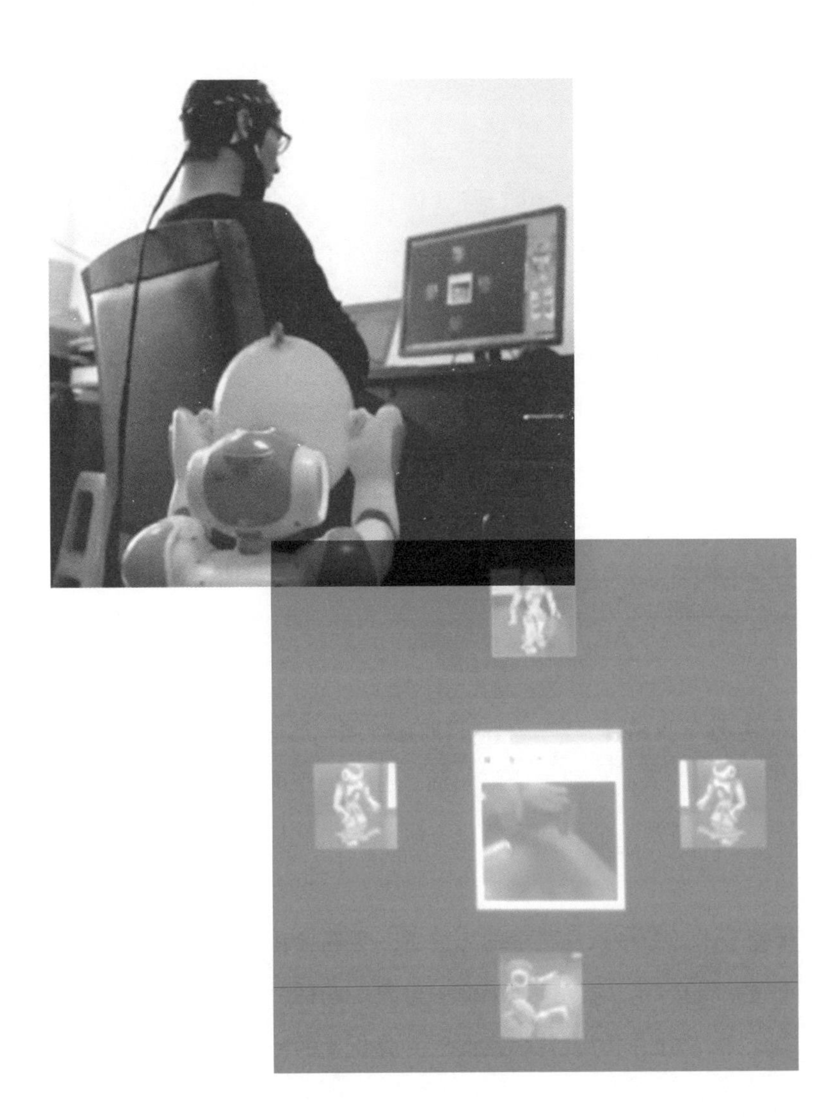

（上）机器人在脑机控制下拿取物品

（下）脑机控制下的电脑操作界面

应的波形特征吗？

陈晓苏 它能够区分出来你在做什么。比如，你是在想象一个苹果，还是在思考一道数学题，是在调用几何思维还是空间思维，抑或是语言思维。这些大范围下的分类可以被探测出来，但至于是苹果还是橘子这类具象问题，还是难以区分的。另外，这个研究方向还有很多未解之谜。我们相信，在未来，可以利用脑磁技术解读你心里想说的一句话，而距离思想解读只有一步之遥。

郝景芳 问题来了，单就解读一句话而言，它怎么能够直接对应脑电波信号呢？

陈晓苏 我稍微解释一下，目前在美国，通过植入式脑电已经能够做到解读人心中所想的一句话。这是治疗神经性失语症的一种策略，是科技上的成功案例。方法是把颅骨打开，把电极插入大脑底下。对于一些重度残疾患者或者癫痫患者等来说，他们必须接受手术。一些献身科学的志愿者，会选择让科学家在自己大脑里做脑机接口。志愿者在脑海中想象一句话，或者别人告诉他要说什么。与此同时，科学家读取并分析他的脑电波，就能够复原出这句话。

所以说，脑电波读取技术并不是百分之百科幻的。但是，不可能为了解读思想人人都接受开颅手术。所以，是不是还有一种新式手段能够代替开颅，在不伤害人的前提下一样可以达到这种读取精度，那么脑磁就是答案。所以两者相加，我们相信无论是在心中默念的一句话，还是沟通过程中的思考交流，将来都能通过脑磁被读取出来。

郝景芳 脑磁能在生活中随时随地探测吗？还是只能在特定的地方探测到？

陈晓苏 人体的磁场辐射非常弱，地磁的磁场辐射强度是10的–4次方特斯拉，而它只有10的–15次方特斯拉，比地磁要弱11个量级。这就带来一个问题：脑磁探测只能在一个非常好的屏蔽空间里才能做到，或者在一个完全封闭的铁集装箱里才能做。

测谎仪在脑电波脑磁领域也算是很典型的应用。当你说谎的时候会出现相应的脑电波特征，它会抑制你想说真话的冲动，而这些都能够被探测到，所以我们借此判断你是不是在说谎。

郝景芳 那么脑磁现在应用在哪些范围？

陈晓苏 我刚才说的脑磁这种东西现在有很大的应用范围，但是还是基于前一代的超导技术。很多大型的脑科医院都购入了脑磁图仪（MED）。这种传统脑磁仪也是特别贵，大概4 000万元人民币一台。

2 脑磁的“孪生兄弟”——脑电波

脑子短路，原来真的存在。

郝景芳 脑电波是如何探测的，它的难点在哪里？

陈晓苏 大脑在进行神经活动时会产生电压、电流，电流辐射出来的信号用脑磁可以探测到，而电压产生的信号，通过在头皮接上各种各样的电压传感器能被捕捉。再通俗一点，一个电压表就可以测量你的脑电波信号，不过测量脑电波的电压表，要比市面上的电压表的精度高太多。市面上的电压表，其精度可能只到毫伏级，但脑电波的信号是微伏级的，它的信号强度在人体的各种生物电信号中也是最弱的，甚至要比心电波弱大概 100 倍，是所有信号中最弱且最复杂的。

要处理脑电波信号，首先，它的难点体现在信号弱导致采集困难，比如头发，头发会挡住电极。单这一条就困扰了脑电波采集技术整整 40 年，并不是容易解决的事情。其次，由于信号弱，采集过程中势必会受到环境的大量噪声干扰。所以我们也需要使用各种电子方法，或者数学方法把环境噪声排除掉，然后提取出有意义的脑电波。最后一个难点在于，人的思维非常复杂。即使采集到了脑电波，里面仍然是大量思维活动的一种交叉。那么如何把这类不同的意识一个一个拆分出来，再把有意义的部分提取出来呢？

郝景芳 脑电波和脑磁相比，二者的优缺点是什么？

陈晓苏 这里涉及一个技术上的要点。脑磁比脑电波的精度要高，在采集脑电波时，电流会经过脑脊液、颅骨、头皮，这三层结构的电阻差异非常大。颅骨的电阻会比脑脊液、头皮、血管的电阻大上千倍。而且这些颅骨中又有缝隙，有耳朵、眼睛这些器官的神经传输，且颅骨的附近还有一些血管。脑电波信号会顺着血管中一些不可控的电阻小的地方流，从短路的地方流出。比如说额叶的信号，可能就从颞叶里面最强的地方流出来了。所以当你用非植入方式测脑电波时，测到的信号只是一个已经产生至少 5 厘米误差的信号，所以当你想理解大脑工作的过程时，基本上是囫囵吞枣的状态了。

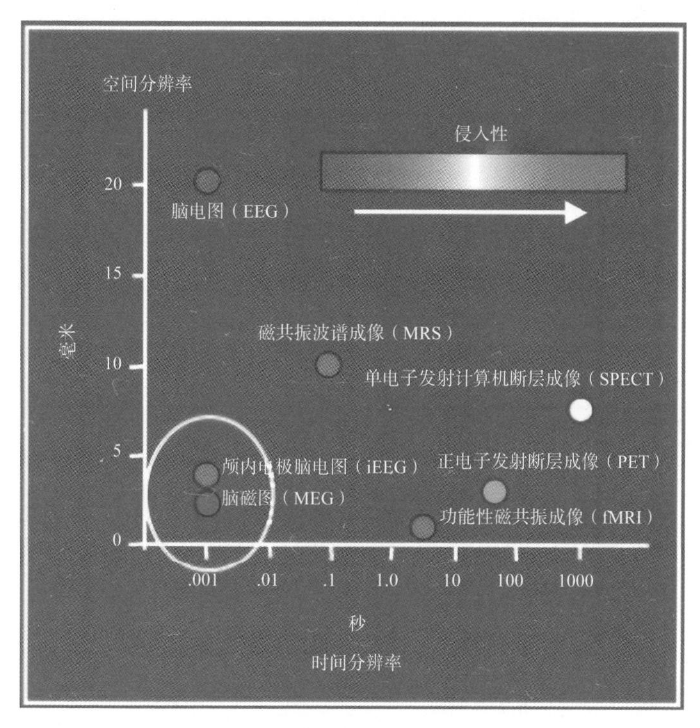

脑成像技术的比较

脑磁图技术无侵入性，对人体绝对安全。比核磁时间分辨率高 3 个数量级，定位精度和抗干扰能力大大优于脑电波。它在临床上用于癫痫病灶定位、神经外科术前功能区，认知科学上用于研究脑内快速的时空过程，在视觉、听觉和语言学上具有优势。

有这样一个比喻，测脑电波信号，如同在体育场外架了一个麦克风，你无法听清里面的声音，但能了解到场馆内欢呼的意义。这属于一种在传输过程中信号质量就已经被混淆的信号。但是磁不一样。人体是不导磁也不阻磁的，人体的磁场是一个常数。我们都知道在材料学中只有很少数的铁磁性材料有磁导性，其他的（如木头、水、空气）都是同样的磁介质常数。

那么当你的大脑中产生磁场，电磁波从颅骨穿出时，它不会被颅骨偏转，所以信号如同直线般从里面辐射出来，探测到的信号也没有经过偏转。那么在溯源的时候，在定位这些信号在什么地方产生的时候，精度就会非常高。所以脑磁信号的精度，比脑电波信号在空间上的要高 100 倍。就好比在球场中，即便每个人使用手机，信号也是无干扰的，因为外边有基站可以保证信号传达的精确度，对吧？在球场内使用手机通话，场外的基站也能探测到电磁波，这就是未经“污染”的高清信息。

脑电采集并不稀奇，40 年前人们就会了。

郝景芳 脑电传达辐射出来时，由于人体导电，它会顺着电阻小的地方流去，被颅骨所偏折、吸收，所以探测得并不准确。而人体并不会导磁，所以脑磁呈直线式辐射，探测的结果就会非常精确。埃隆·马斯克创办了Neuralink（神经连接）公司，有很多技术涉及电极领域，从科学上来讲，这些技术究竟靠不靠谱呢？

陈晓苏 技术本身是靠谱的，市面上对马斯克的声音大多为正向的赞誉。他所研究的技术其实较为传统，早在 40 年前，人们就开始用在颅骨上打钻，植入电极的方式来采集脑电波了。但是，这项技术一直未被大规模推广使用，究其原因，并非在颅骨上钻洞太难，而是大脑中有很多血管，在插入电极时，如果不做大范围的开颅手术，是看不见的。用插钢针的方式在大脑采集信号时，很容易伤到血管，严重的还会造成脑出血，这是非常危险的。

其实在大脑中采集脑电波这件事，在现代医学中较为常见。比如癫痫病的治疗，重度癫痫病患者如果需要做手术，我们必须知道病灶区在哪里。而癫痫是大脑神经元异常放电，导致短暂的大脑功能障碍的一种慢性疾病。要想进行定位，如果不使用脑磁技术，就只能通过脑电波进行定位。在颅外，脑电波信号的溯源误差超过 5 厘米。如果只在颅外进行定位，那么等到做手术的时候，医生很可能就会出现失误，把有用的地方切除，却把病灶留在大脑里。

早前曾有一种做癫痫手术定位的方案，即把颅骨完全打开，然后在大脑中插上不同的电极，合上后采集大概一周到半个月的脑电波信号，癫痫病灶区定位清楚了以后，再进行第二次开颅，动手术把病灶区取走。这样的开颅脑电法，其实是较为传统的手术技术。这方案并不稀奇，不需要在颅骨上开很大的一个创伤口，而是在颅骨上面打小针眼。其实 40 年前的机械加工技术，完全可以用微米级的小钻头打出小眼，把小细针插进去，对大脑的颅骨伤害小，一样能够采集到脑电波。

郝景芳　听上去似乎跟针灸有些类似，这项技术为什么没有得到非常广泛的应用呢？

陈晓苏　就像我刚才提到的，由于大脑中有很多血管，在插针的时候，如果不知道血管在什么位置，很容易把血管插漏，从而导致脑出血。

这项技术现在为什么又可以使用了呢？这是因为核磁共振技术的提升。核磁共振成像能够呈现人类大脑中的脑血管分布。在现如今的技术手段体系中，人工智能专家做了一些系统，将大脑中的脑血管成像做好，把脑血管定位与医学手术的自动系统整合在一起，从而进行自动化定位，自动设计钢针插入的方向，避开血管。

3 脑机接口可以“操纵”人吗？

目前来说，脑机接口能做的仍然是最简单的指令。

郝景芳 您刚刚频繁提到“伤害”“失误”这样的字眼，可以说任何技术都是有利有弊的。那么它给我们人类带来的最大好处是什么呢？其实在影视作品中也会有这样的科幻设想。如果在脑子中植入一些知识类的芯片，“啃书本”是不是也就变得简单些了？

陈晓苏 如果以此做科幻设想倒是有可能的。但就目前的技术来讲，其实还达不到这个水平。倒不是说没有办法往大脑中传回信号，无论是通过植入式还是非植入式电极，都有很多方式，诸如声、光、电各类刺激方式，甚至是超声波刺激。对动物来讲，可以通过光遗传的方式进行刺激，还有肌肉电、肌肉磁的刺激方式。

借助上述几类方法都可以在大脑中进行干预，传输信号回去。

但是，现在我们对大脑的工作机制的理解尚为浅薄，所以回传的信号往往是一些简单的感知信号，无法直接回传知识这类复杂的信号内容。

郝景芳 那么，如果我读出来一句话——“脑信号是什么样子”，未来有没有可能在计算机上生成这一句话的电信号，进行重复性回传，从而加深记忆？类似于重复给你念F=ma，然后大脑就记住了F=ma。

陈晓苏 有，现在有人在研究这个方向。比如，通过植入式电极对动物进行适当的刺激实验。让一个人抬手或者做各种动作，这些目前也都可以实现。

郝景芳 从原理上来讲，这其实就可以操控一个人了，对吗？电信号可以打包成一个信号小包，信号小包再通过同样的方式输给另一个人。

陈晓苏 是的，但目前来说，脑机接口能做的仍然是最简单的指令。如果复杂到一个概念、一个认知，甚至是我们所说的对公式的理解、知识性解读如此高级别的信号，那么还没有办法做到。

郝景芳 一个指令，其实就已经能操纵很多东西了。例如，你脑海中想到“打人”这个指令，通过计算机植入到另一个人的大脑，然后那个人的手就不受控制，去打一个人，这挺可怕的。所以，未来会不会有人往这样偏的方向去研究呢？

陈晓苏 传输指令不一定就是可怕的。在残疾人的康复过程中就会用到指令传输。比如一个人因为发生意外瘫痪或者说脑卒中了，一部分脑区由于脑出血、脑梗死坏死了，那么就要进行康复训练。有的康复方式恰恰是通过脑机接口实现的，我们只需读出这个病人的脑信号，然后用一个外骨骼代替他的身体运动。

第二种方法，是通过神经反馈法去刺激这个病人的大脑，让新的脑区代替原来的坏死脑区，使其身体重新活动起来，那么就不需要外骨骼了。

刺激大脑开发新脑区，从而让身体重新学会运动，其实这项技术已经在康复训练中投入使用了。在病人之中，会有一些自愿用这种方式做手术、康复的人，希望能够借此回归正常生活。

郝景芳 总的来说，当下有很多造福人类的脑机接口技术都在研究中。一是精确地读取信号，二是尽可能更精确地解读，对一句话的含义进行解读，三是通过电极把一些信号反向传输回去。如果这些技术同步发展，未来真的有可能读取一个人的大脑信号，通过信号传输给另一个人从而形成指令，仿佛影视剧成真。

社会伦理道德，始终是科技应用的“初心”。

郝景芳 记得媒体曾报道过，杭州的一家教育科技公司生产出一款头环，将其戴在学生的脑门上通过电极监测脑电波，以此判断学生上课时是否认真听讲。而这个头环的监测数据，会让老师实时看到班上每个学生的学习状态，甚至家长也能随时下载孩子上课时的专注力数据。该新闻一出，顿时全网沸腾，很多人都在质疑这是不是一个骗局。你是如何看待这项技术的呢？

陈晓苏 （所谓监测头环的局限性）这个头环属于脑机接口技术，它是科学家正在研究的，也可以为普通人所使用。只不过，就脑机接口技术而言，监测头环这个说法，不免有些夸大的成分。

技术上来讲，脑机接口可以分为侵入式和非侵入式两大类。什么叫侵入式？就是打开人的颅骨，植入电极或芯片。人类大脑中有上百亿个神经元，植入了电极，就可以精准地监测到神经元的放电活动。这种方式的优点是信号准确，缺点是会对大脑造成一定损伤，因此科学家也不轻易使用。

相较于侵入式技术，非侵入式技术在日常生活中的应用会更广泛。新闻里报道的可以戴在学生头上使用的头环，专业术语叫头戴式脑电帽，它属于非侵入式脑机接口技术。其工作原理是，通过脑电帽上的电极从头皮上采集脑电波信号，再通过分析信号，获取想要的结果。这种方式可以在头皮上监测到群体神经元的放电活动，对大脑没有损伤，但也因为有头骨遮挡，数据不够精准。新闻里提到的头环只有额头上的一个电极，实际上要有成百上千个电极，才能统计得较为准确。

所以客观来讲，在如今的脑机接口研究水平下，无论是什么头环技术，其实都不足以反映一个人上课时认真听讲的程度。为什么呢？它只能监测大脑专注度，但无法具体到某件事上。一个人在上课时，究竟是在认真听讲，还是在认真地偷偷看小说、打游戏？脑机接口监测是无法区分的，它仅仅能测试大脑专注度，是一种比较粗放的注意力监测技术。

话说回来，就算你没有偷偷看小说，哪怕是专心地开小差，在脑海中想象如何专心打游戏，一招一式如何比画，只要专注度数值够高，检测结果依旧是这个学生在认真听课，所以，以此得出的数据结果并不合理。

再者说，人类在一件事情上的专注度是有限的。我们小时候可能有过这样的体验，一开始在认真听讲，后来注意力不集中，或是倦怠了，实在困了，就拿课本挡着，或者是在小说外面包上课本书皮看小说。

郝景芳 对，我小时候还真干过这事儿，在金庸的小说外面包上课本书皮。

陈晓苏 对，特别认真地在看。使用头环其实根本监测不出你是在认真看小说，还是在认真听讲。所以把这个指标拿出来直接作为上课认真听讲与否的依据，并不合适。

郝景芳　是因为它的电极数太少吗？

陈晓苏　电极数太少，是其中一个原因，另外一个原因是有效信号并不多。例如，耳朵根处的采集，只是参考电极。用电压测肯定是一正一负，所以它两个点实际上就是前额这一点探测，耳后那个点只是作为负极。

所以在反映一个人是否专注这方面，信号维度太低了，不足以反映一些比较深刻的认知思维。

郝景芳　除了信号监测的准确性，使用头环其实还触碰了道德伦理的基准线。也就是说，我们能不能监测孩子的思想？一丝一毫的想法都被监测，感觉还是挺恐怖的。所以脑机接口的未来研究中，少不了要考虑的是，我们如何保证脑电波、脑磁信号是能够被合理应用的。因为一旦可以实现监测，极有可能会被不法之人滥用。

陈晓苏　脑机接口是一把双刃剑，任何科学技术都是如此。提到“监测”二字，从伦理道德角度来看，在课堂上使用监测手法并不利于学生学习，甚至会造成逆反心理。反之，正向的应用场景在哪里呢？例如大型货车司机、公交司机驾驶员，他们对别人的生命安全负有重要责任。监测仪器可以帮助他们及时获取周边环境的信息。未来，脑机接口技术日趋成熟后会产生新的社会形态，我们应该本着一个科学家的良知，将其用在正确的道路上，不能助纣为虐。

郝景芳 身为一个科幻作家，可能天马行空的想法比较多。指令控制依旧会让我感受到一丝丝恐怖。比如在科幻性质的推理小说里，一个人用脑机接口的方式控制一把自动手枪，他甚至无须自己动手就能轻而易举地伤人，连指纹都不留下。这样的“隔空”作案，岂不是易如反掌了？

陈晓苏 一个人的作案动机是无法从表面上看出来的，但如果这些数据都保留下来的话，比如脑机接口的程序动作是如何设计的，一个人开枪是靠什么指令下达的，就可以往前追溯，所以并不是完全的“隔空”作案。当然，如果未来高科技犯罪增加，随之而来的法律纠纷也会增多，但我相信那时破案手段也会随着技术提升而更多样化、更高效。

郝景芳 还面临一个问题，如果有人用“冰激凌”三个字作为开枪指令，那么还需要推测是谁在脑海中发出了这个指令，就需要读取在场每一个人的大脑意识记录。如果现场有100个嫌疑人，为了找出一个真正的凶手，就需要把其余 99 个好人的意识记录全部读取，是不是这样呢？

陈晓苏 这就涉及社会管理问题了。我个人认为，技术是无罪的。它只是工具、手段，就像刀一样，既能够用来杀人，也能够用来切菜。

现在科技如此发达，人脸识别就能直接付款。哪怕是验血、采集指纹，你的DNA（脱氧核糖核酸）信息、身份特征，也都有被泄露的可能。当年基因技术兴起时，也有质疑声。基因被取走后，将来个人隐私，甚至遗传病史都会被外人知晓。但其实，就像我们一直在说的，凡事都有两面性，如果一项技术能得到广泛的应用、认可，那么它是利大于弊的。

同样地，从技术发展的角度来看，一项技术只要能够通过社会力量得到适当控制和正当使用，它也是利大于弊的。技术所产生的弊端，本质上都源自大量的不正当使用。太多技术都是如此，脑机接口绝不是特例。

郝景芳 是的，话题可能扯远了。综合来讲，从长远看，任何一项技术都可能利大于弊。但是它存在伦理和控制问题，就像有利刃的刀、上膛的枪支，如果没有得到合理的使用、应有的禁止，其带来的危害是巨大的。

公众对于前沿技术的了解其实并不多，对于这些技术真正的伦理把控、约束，或者非常理性、公开的探讨也很少，这也是普及的意义所在。尤其脑机接口涉及隐私问题，究竟该如何划定边界，在当今的大数据时代已经引发了一轮思考。我们的聊天记录其实就是个人隐私，却被任意在云端上传，甚至共享。可能有些人觉得没什么，但随着未来科技发展，说不定上传的就不是文字，而是你的思想了。

所以面向未来，脑机接口技术是有很多可探讨之处的。这些看似不可能的事情，在21世纪被赋予了更多实现的可能。我相信科技发展正在滚动加速，“上传思想”说不定是“有生之年系列”呢！

文中相关注释：

① 拉莫尔进动，是指电子、原子核和原子的磁矩在外部磁场作用下的进动。

② 塞曼分裂，天文学专有名词，而塞曼效应是指原子在外磁场中发光谱线发生分裂且偏振的现象。

11100100101110001010110111100101
100110111011110111100101100010011
0001101111001101011001010111111

第三章

太空探索

电影《流浪地球》里，地球遭遇灭顶之灾，全人类开启了“流浪地球”计划，前往距离人类最近的恒星系——4.3 光年外的半人马座 α 星系。现实世界中，2016 年 4 月霍金宣布了一项大胆的计划——“突破摄星”计划，利用光压把邮票大小的纳米太空飞船送往半人马座 α 星系，并由飞船发回照片。如果计划成功，那么科学家将可以判断出该星系是否包含类似地球的行星，可以容纳生命的存在。

为了寻找新的栖息地，为了活下去，人类似乎就有了充满理性而充足的理由走向宇宙。

但是回顾人类真实的太空探索历程，向太空前行的每一步背后，并不是人类对生存的未雨绸缪。真正点燃人类探索勇气的，是我们对真理的渴求和对世界的好奇心。

17 世纪，人类第一台望远镜诞生，观测天文学应运而生，著名的科学家牛顿在 1646—1667 年发现万有引力，自此人类对宇宙的认知有了质的飞跃；进入 18 世纪后，人类首次绘制出银河系图形；到 19 世纪，大口径望远镜的制造与发展达到高潮，人类第一次测量了恒星的距离，拍下了第一张月球照片；20 世纪迎来了爱因斯坦的相对论，科学家估算出银河系的大小，世界上第一座天文馆在德国慕尼黑建成并启用。1957 年，苏联发射了人类的第一颗人造卫星“斯普特尼克一号”，太空竞赛的序幕拉开，4 个月后美国发射了人造卫星“探险者一号”。1958 年 10 月 1 日，NASA（美国国家航空航天局）成立，航天时代的辉煌邀请全世界一起仰望星空。1961 年 4 月 12 日，加加林乘坐“东方一号”绕地球一周，人类完成了第一次太空飞行。8 年后，阿姆斯特朗在月球上迈出了“个人的一小步，人类的一大步”。那个时代的人跃跃欲试地期待着打开太空的大门，畅想着人类飞出地球的那一天。

可是人类登月 50 多年过去后，我们对太空探索的畅想并没有照进现实。而当我们回顾航天时代的辉煌时，我们也会惊叹于我们曾经愿意付出的高昂成本。NASA 公布的信息显示：“阿波罗计划”的总投资为 194.08 亿美元（截至 1973 年），相当于 2005 年的 1 350 亿美元。1960—1973 年“太空竞赛”期间，NASA 的总预算为 566.61 亿美元。其中预算最高的是 1966 年，当年的美国 GDP 是 8 150 亿美元，“阿波罗计划”年度预算为 29.67 亿美元，约占美国 GDP 的 0.4%；当年 NASA 的年度预算为 45.12 亿美元，约占美国 GDP 的 0.6%。

“阿波罗计划”虽然耗资巨大，却也间接推动了其他科技领域的进步，而我们当下的日常生活其实都受益于那场声势浩大的太空探索。

1961 年，为了满足航天样本采集的需求，美国电器制造商 Black&Decker 推出了无线电钻，后来又开发出第一台无线吸尘器；由于航天计划对时间精度的要求极其高，每年累计误差只有一分钟的石英钟诞生了；我们现在在游泳池使用的净化系统也源自航天中使用的银离子净水系统；而 1967 年的“阿波罗一号”焚毁事故，大力推进了耐火纺织面料的研发，全世界的消防员、多发性硬化病患者至今都受益于此；在NASA研发微型电路技术的过程中，意外诞生了植入式心脏除颤器的设计灵感，这项技术现在是高度心率不正常患者的救命法宝。

在我们意识到的、没意识到的生活的方方面面，那场辉煌的太空探索早就留下了使用至今的宝贵财富。可即便如此，我们依旧无法单纯从经济角度清晰衡量太空探索的投入产出比。而当下，太空探索的技术又发展到了哪一步？我们在看似平平无奇的过去究竟做了哪些尝试？太空探索催生出的“太空旅游”新模式，如何直接成为创造经济收益的商业行为？航天领域下一代技术的发展方向又在哪里？

从古人对宇宙的想象，到现代科幻小说对遨游太阳系的描摹，人类在神话、传说、畅想和美梦里拥有对宇宙最大的野心。而在现实世界中，每一次向太空的进军，都是一代人甚至几代人被好奇心、被追逐真理的意志推动的壮举。

郝景芳

戴政

蓝箭空间科技有限公司火箭研发部总经理

1 太空时代的“莱特兄弟”

郝景芳 你如何看待最近美国顶级富豪纷纷下场，进入商业航天领域并主动去太空旅游这件事？亚马逊创始人杰夫·贝佐斯还带着他的兄弟马克·贝佐斯一起“上天”，兄弟档太空旅行很有当年莱特兄弟的意味。

戴 政 100多年前莱特兄弟发明飞机飞上蓝天的时候，当时的人们其实也很难想象100多年后的今天，坐飞机成为一种主流的出行方式。任何一个行业都有这样的规律，即随着技术门槛的降低，很多“高大上”的技术逐渐能够为普通大众服务——太空旅游也一定会这样，只是时间早晚的问题。毕竟航天业仅有不到70年的历史，所以也一定会是这样的趋势。

最近顶级富豪纷纷下场，带头上太空，无疑是他们认为现在处于这样的临界点，或者说距离这个临界点不远了。他们将开启一个“太空时代”，届时航天也不再是普通人遥不可及的活动，随着技术的发展，太空旅游会慢慢与个人关联起来。

郝景芳 我国一直致力于发展航天事业，像“神舟五号”载人航天飞船的成功发射，以及“嫦娥四号”。目前中国的商业航天领域发展如何？

戴　政 中国的商业航天发展从2015年起步，这个领域的热度正在变高，而且发展蓬勃，而美国的商业航天发展如果从2000年算起——贝佐斯的“蓝色起源”在2000年成立，已经有20年的历史了。所以中国的商业航天业应该说还很年轻，还有很长的路要走，需要做好技术产品，练好内功，才能真正实现商业发射服务扩大供给和成本大幅降低。

2020年9月，马斯克披露了“殖民火星时间表”。他透露，计划在2024年将人类送上火星，并计划在2050年建成一个自给自足的火星城市。马斯克的目标是，在2022年之前执行火星货运任务，并在2024年之前执行载人火星任务。

郝景芳 我国在航天领域的各个技术环节，包括但不限于火箭发射、太空站搭建、卫星网络、航天飞机和太空旅游、太空产业等

SpaceX 星舰 SN9 原型机[6]

《从地球到月球》英文版封面[7]

《从地球到月球》是法国作家儒勒·凡尔纳于 1865 年创作的长篇小说，小说里一枚炮弹把人送上月球。小说中对月球炮弹的航速和航时的想象和阿波罗登月的实际情况很接近。

方面，跟国际领先技术相比如何？是可以比肩，还是哪些方面仍有不足？

戴　政　我国在航天领域的各个技术环节，发展还是很全面的，和国际领先技术相比，整体来看可以比肩，但在一些特定领域，如发动机动力系统、电子元器件等方面，还有差距，需要持续投入，加大力气追赶甚至超越。

2 运载火箭有多大，太空的舞台就有多大

郝景芳 我原来也算是学天体物理的，当时我们用的钱德拉X射线太空望远镜，就是一个发射到太空里面的探测卫星，能够看到很远的地方的X射线和黑洞，我当时就在研究黑洞和观测其他天体。这一个卫星就花了80亿美元，但是80亿美元在太空探索领域其实不算太多钱。如果搭配俩人和一个卫星发射到太空里，可能就要800亿美元了。太空探索的高昂成本与火箭和航天飞机技术紧密相关，你认为未来的相关技术主要会在哪些方面有所突破?

戴　政 主要会在运载火箭可重复使用的技术上实现突破。传统运载火箭都是一次性使用运载火箭，发射服务成本很高，相当于

“天问一号”空间探测器，由长征五号遥四运载火箭发射[8]

“乘客”不仅仅要掏燃料费用，还需要买下整发火箭才能够完成发射。如果运载火箭能够实现回收并可重复使用，例如SpaceX的“猎鹰九号”实现了一级垂直回收并可重复使用，那么火箭本身的制造成本就因为可以多次使用被摊薄。其中的原理和航空业相似：乘客只需要掏燃料费用和维护保养费用，而不需要买下整架飞机。这样的出行商业逻辑，会让发射服务的价格大幅降低。

郝景芳 在太空中有很多重金属含量高的小石块，其中一些重金属在地球上非常稀缺，也非常昂贵，小行星采矿会是一个有利可图的商业模式吗？利用太空的特殊外部环境诱发染色体畸变，培育全新的农产品，不仅可以给太空工作人员提供食物，还能反过来帮助地球解决食物稀缺问题……这些科学想象离我们有多远？你如何看待太空产业，包括太空农业，或者小行星采矿业等？

戴 政 所有太空产业要能够实现在商业上有利可图，或者说整个太空商业生态要想形成，都离不开运载火箭发射服务成本的降低。运载火箭是目前通往太空的唯一入口——目前来看这个入口比较昂贵、流量很小，这导致很多太空产业的商业模式不成立，因此商业航天突破的关键点在于低成本的商业运载火箭。只有当商业运载火箭能够将通往太空的流量做得足够大、足够便宜，很多太空产业的商业逻辑才能成立，太空商业生态自然才能形成。套用航天的一句老话，“运载火箭有多大，太空的舞台就有多大”。

郝景芳 2020年，马斯克在他的“殖民火星时间表”里说，他计划在2024年把人类送上火星，在2050年建成一个自给自足的火星城市。你如何看待太空移民？我们在有生之年，真的能像马斯克所说的那样看到火星移民吗？

戴　政 这个有可能。马斯克正在推进下一代运载火箭系统的研发，2021年即将尝试第一次入轨发射。相较于现在的“猎鹰九号”（只有一级能够实现可重复使用，二级仍然是一次性的，只能算部分可重复使用火箭），SpaceX的下一代运输系统“Starship”（星舰），是一个一级和二级全面可重复使用的运输系统。这将真正意义上实现运载器的各部分全部回收、多次重复使用，能够真正实现运载火箭的发射服务成本大幅降低。而且这个“星舰”的规模足够大，起飞推力超过7 000吨，相当于一艘驱逐舰的排水量，真的可以把一艘驱逐舰推离地面。所以马斯克给它起的名字叫“ship”而不是“rocket”。这是人类有史以来最大的运载火箭，比“阿波罗计划”的“土星五号”运载火箭还大（“土星五号”起飞推力为3 400吨）。再过几年，“星舰”可能就投入使用了，所以也许在我们有生之年，还会有更大规模的运输系统诞生，移民火星是有可能的。

3 太空探索的平民化之路

郝景芳　很多时候，我们从小朋友阶段开始就特别容易对太空产生兴趣，对宇宙、对外星人、对我们到太空居住产生很大的兴趣。我跟小朋友交流的时候，发现他们也对外太空充满想象："我们到这个或那个星球上去，我们要坐着飞船去那儿玩。"但是有一个很严峻的现实问题，就是我小时候也是这么想象的，到现在我都这么大了，好像我们的太空进展也没有什么变化。我们小时候的想象跟小朋友今天的想象反映出的太空探索现实发展水平是差不多的。

但实际上我们的宇宙学知识是有很大提升的，像全天扫描的威尔金森微波各向异性探测器（WMAP）巡天望远镜和多波段的太空观测。只是过去这几十年里我们不怎么送人去太空，所以看到最近超级富豪频频“上天”还挺让人激动的，那么你觉得航天领域比较激动人心的下一代技术发展方向是什么？

戴　政　航天领域比较激动人心的下一代技术的发展方向就是全面可重复使用运载火箭的开发。实际上运载火箭也逃不开“北极熊”规律。动物界有个规律：北方的熊长得比南方的大，全世界体型最大的是北极熊。这背后的原因是，一个物体体积越大，表面积占比越低，这样大熊散热就慢，在寒冷的北方更容易存活下来，于是自然选择的结果导致北方剩下的都是大熊。

运载火箭同样如此，火箭规模越大，外壳干重所占加满燃料的火箭重量的比例就越低，火箭的干质比（干质比是指火箭不装燃料的“干重”与装满燃料的“总重”之比，这是影响火箭运载能力的一个很重要的指标）越优异，运载系数就越高，平均到单位重量的入轨成本就越低。

可重复使用运载火箭，意味着要预留返回的燃料和设备，火箭没有“尽全力”，相较于一次性使用火箭，运载能力一定是下降的。这个运载能力损失比例需要控制在一定范围内，否则存在一个盈亏平衡点的问题，可回收将会失去意义。以两级火箭为例，如果一级可回收状态下，运载能力的损失比例超过 50%，这意味着每次发射少卖了一半的收入，只拿回了一半的箭体，还要算上检测维护和燃料费用等成本，在经济上将会变得无利可图。火箭可回收最重要的意义就是降低成本，如果回收导致运载能力下降的比例过大，单位重量的入轨成本还上升了，就会失去回收可重复使用火箭的意义。

因此可重复使用火箭的规模一定不能小，越大的火箭在干质比方面越有天然优势，使得为回收火箭预留的推进剂、设备重量导致的运力损失能够控制在较小范围内，这也是为什么SpaceX放弃了“猎鹰九号”二级回收的开发，转而选择一个超大规模的火箭（“星舰”）来开发一二级全面可重复使用运载火箭的原因（需要更大的“熊”）。

航天领域最激动人心的下一代技术发展方向就是超大规模的完全可重复使用火箭运载器的出现，这将会彻底改写人类航天业的经济账本，真正打开通往太空的流量，让我们迎接太空商业时代的来临。

郝景芳　现在的太空旅行“船票”都非常昂贵，贝佐斯这次的“船票”要2 800万美元每张。哪怕是维珍银河和蓝色起源推出的“近地太空旅行”“亲民计划”，只飞到离地100公里左右的亚轨道（说白了只是在大气层外面看十几分钟），一张“船票”也要20万~30万美元，这还是富豪级别的消费。

所以什么时候普罗大众能参与太空事业呢？最可能以什么样的方式参与？我们在有生之年还能上太空玩儿一圈吗？

SpaceX的第一个乘客 [9]

2018 年 9 月SpaceX公布了首位月球旅行的乘客身份——日本富豪、企业家前泽友作。这次旅行大约为期一周，时间定在 2023 年，行程中不包含登月。前泽友作在 2021 年 3 月 3 日宣布，他将从公众中挑选 8 名成员加入他的月球之旅。

戴　政　当大规模的全面可重复使用火箭大量应用的时候，进入太空的成本将会降得很低，这时候才能打开太空的大舞台，普罗大众将可能参与到太空事业当中，其中当然包括太空旅游。

实际上现在美国已经有这样的普通人参与的太空商业模式，即to C（面向消费者）的业务。像美国军方的运载火箭，比如“民兵三号”战略导弹服役满30年后要退役，美国军方就可以把它卖给商业公司。商业公司把这种导弹拿来进行改装，提供面向大众的服务，这些服务主要是把个人物品“打”到太空中。其中包括几项典型业务，比如把一张个人名片“打”到太空中或“打”到月球上，收费是800美元。你要是愿意，也可以把你老婆的头发丝“打”到天上；甚至可以举办“月球葬礼”，把亲人的骨灰“打”到月球上。“月球葬礼”服务的卖点是，当你的子孙后代望向月球的时候，仿佛可以跟祖先“对话”。

当然也有婚礼相关的业务。利用这种太空商业服务，可以把结婚誓词“打”到月球上，其实就是把一张纸送上月球。由于月球的环境很稳定，这些个人物品可以保存上万年或更久，甚至可能永远留在月球上，因此“月球航班”商业服务营销的就是这样一种“永垂不朽”的概念，当你望向月球的时候，结婚誓言永远都在月球上。另外，这些业务的服务流程会包括邀请客户去现场看火箭发射。在发射的过程中，包括飞向月球、撞击月球的时候，火箭上的摄像头会记录下全过程并传回，商业公司会把视频剪辑好，刻成光盘，留给客户作为纪念。在婚礼现场，也可以播放这段视频，相当于对另一半说我对你的爱、我对你的誓言是永恒的。我们国内的婚礼现场一般都会播放一个比较浪漫动人的视频，比如一个沙画视频，如果播放誓言留在月球表面的视频，也将是令人震撼的。这些比较新奇的做法，都是可以面向大众的个人商业太空服务。

其实在人的“身后事”上，现在在国内大城市买块墓地、买个“坑”，价格也越来越高昂，十几二十万元很常见。“月球葬礼”服务收费一万多美元，换算下来不到 10 万元人民币，对普通人来说也是可以承受的，而且可以有个精神寄托，相当于自己的亲人可以永远安息在月球上。

所以这种比较个性化的业务是商业航天业可以探索的，随着低成本商业运载火箭逐渐兴起，这些创意型太空探索服务体验是现阶段大众就可以参与的。毕竟婚礼现场的浪漫视频看多了也大同小异、毫无新意，如果能把誓言或情书“打”到月球上，一定会让人印象深刻，还挺有意思的。

11100100101110001010110111100101
100110111011110111100101100010011
000110111100110101011001010111111

第四章

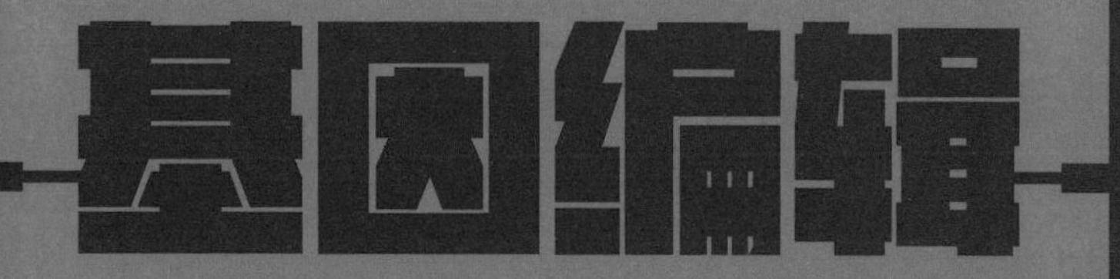

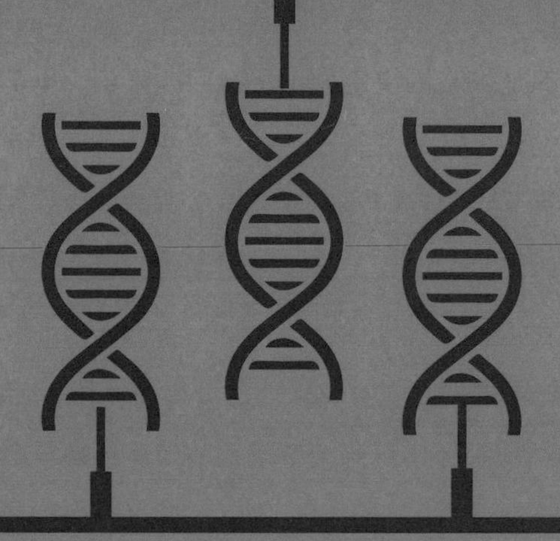

电影《人兽杂交》曾给出这样一个命题，科研人员成功完成了动物基因重组实验，计划跟投资人申请进入第二阶段的人体实验，一旦成功，就能找到治疗绝症的方法。投资人认为人体实验固然有利，但风险更甚。其中一位研究员冒险提取自己的DNA进行实验，如此一意孤行的做法最终招致了无可挽回的局面。

人体基因编辑实验，不仅在电影中备受争议，在现实生活中也是明令禁止的。中国首位制造基因编辑婴儿的科学家贺建奎，被判处三年有期徒刑。他当初私自为几个患病家庭编辑了婴儿胚胎，最后诞生了两个经过基因编辑的婴儿，引起了科学界的轰动和口诛笔伐。一年之后，他终于被判刑。

为什么基因编辑婴儿会引起如此轩然大波？贺建奎为什么会因此被判刑？所有问题都归结为这四个字——基因编辑。

人类的很多特征，例如身高、肤色、眼睛的大小、瞳孔的颜色、喜欢或讨厌吃香菜，统统跟基因有关。我们人和其他生物的各种特点，都是由基因决定的。那么问题来了，既然基因这么强大，我们有没有可能改变基因，从而改变特征呢？举例来说，如果要修改一篇文章，我们首先要看懂文章的意思，再想办法找到关键词，最后修改关键词。对于基因编辑，我们也得有读懂、定位、修改三个步骤。

这件事能不能做到呢？技术上是可行的。在20世纪五六十年代，DNA的结构和传递机制被科学家破译。1990年，人类基因组计划开启，美国、英国、法国、德国、日本和中国的科学家共同参与了这项大型工程。2000年，六国科学家共同宣布，人类基因组草图已经绘制完成，揭示出人类DNA包含超过30亿个碱基对，2万~3万个基因。

那么，一个自然而然的问题就是：既然读懂了基因，那么我们能改变基因吗？确实，基因编辑就是这样的技术，让基因从"只读"变成了"可编辑"。人类DNA上有30亿对碱基，你知道这是什么概念吗？举个例子，一部《红楼梦》大约有100万字，而人类的DNA相当于3 000部《红楼梦》。要在3 000部《红楼梦》中找到你想要的字词，并且进行编辑，你可以想象其中的难度。那基因编辑是怎么实现的，现如今的研究成果又有何应用？这些问题都是值得探讨和了解的。

郝景芳

王皓毅

中国科学院动物研究所研究员

1 如同“上帝之手”的科学技术

基因编辑，是对不同物种的基因组这本书的字母进行精确的文本编辑。

郝景芳　基因编辑到底是一种什么样的技术？

王皓毅　其实不少基因的相关知识，我们在中学的生物课本里接触过。我认为这是每个人都应该了解的，因为这是你的生命最基本的秘密。

要了解基因编辑，首先要了解自身。我们每个人都是由各种不同类型的细胞组成的，比如皮肤细胞、神经细胞、肌肉细胞，

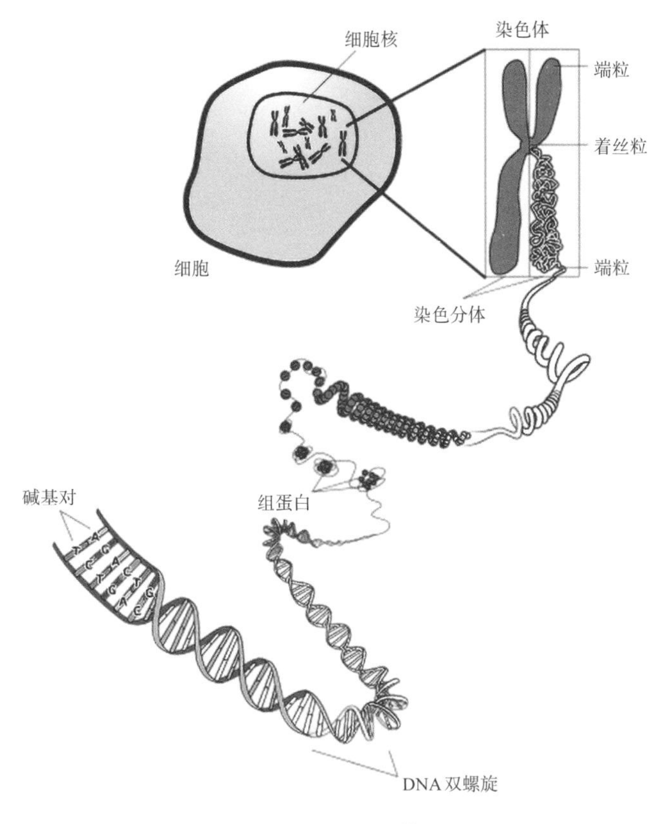

染色体结构图 [10]

除了红细胞没有细胞核，其他的细胞都是有细胞核的。

细胞核里装了46条染色体，分别来自父亲、母亲。这46条染色体上面缠绕的就是DNA分子。打个比方，染色体如同毛衣上的一根毛线，你可以把毛线拆成特别细的纤维，纤维还可以拆成更细的纤维。染色体拆解到分子层面，就是一个长的DNA分子链。DNA大分子缠绕在组蛋白上，经过多层折叠之后，就可以产生一条在显微镜下能看到的染色体。

所以染色体其实是DNA缠绕在蛋白质上面，从而形成的一个结构。DNA是由4个不同类型的分子（碱基）排列组合而成的，分别用字母A、T、G和C来命名。你可以通过读取这个序列，从而知道46条染色体上面所有的字母顺序，字母顺序就是我们的基因组。人的基因组有多长呢？有大约30亿个字母之多。

郝景芳　30亿个左右字母，都是来自一条染色体吗？

王皓毅　不是的，46条染色体加在一起，有大约30亿个字母。平均来讲，一条染色体的字母不到1亿，可它们大小也不一样，不能一概而论。

郝景芳　所以字母A、T、G、C是给碱基的命名，碱基就像一条长长的项链一样。上面有将近1亿个小珠子，它们平时会缠成一团。所以，现在我们已经能够非常精确地读出来，这一长串项链上每一个小珠子都是什么了。

王皓毅 你指的是基因测序，即读取人类基因组的全部字母顺序。而基因编辑是人工设计或改造一个蛋白质，让它进入细胞核里。也就是精确找到这30亿个字母里的某一段话，改掉一个字母、一段话，或者插入一段话。我觉得“基因编辑”这个词非常形象，就像我们常说的文本编辑。只不过它编辑的是一个分子尺度的文本，这确实非常神奇。

郝景芳 就像我们可以直接把I love you（我爱你）变成I hate you（我恨你）？

王皓毅 对，这能够让一个基因的功能发生巨大改变，DNA的逻辑是我们这个星球上绝大多数生命的底层逻辑。更神奇的是，细菌用的这套东西，它的化学反应，它的4个字母，跟人类是一模一样的！一旦你能修改它、编辑它，你几乎就拥有了上帝的力量。理论上你可以修改任何一个物种最底层的基因设计，当然实际技术操作并非如此简单直接。

所以，基因编辑说到底，就是对于不同物种基因组这本书的字母进行精确的文本编辑。但是，我觉得大家需要意识到一个问题，人体由很多细胞组成，我们能够针对某些细胞进行编辑，但这并不代表我们可以轻而易举地对整个人体进行编辑。因为把蛋白质递送到人体所有的细胞里，是非常困难的事情。随着科学技术的进步，以及众多科学家的不懈努力，该技术变得相对容易使用了很多。但论及对具体的疾病治疗，或是在其他领域的具体应用，基因编辑还需要针对具体应用解决相关技术问题。

只有了解基因想“说”什么，你才有资格去编辑它。

郝景芳 如果我想编辑一首诗的其中一个词，我必须先看懂这首诗的意思。比如我会英文，所以能读懂莎士比亚所写诗歌的美，但如果你给我一首玛雅文的诗，哪怕写得再美，我也读不懂，也根本无法修改。我想，基因编辑的前提是基于了解这 30 亿个字母组成的书到底写的是什么。

王皓毅 没错，你要编辑文本，首先要读懂它。在我看来，我们现在对于人类基因组这个“文本”的理解还是非常粗浅的，尚处于初级阶段，甚至无法 100% 准确地告诉你有多少个基因。不同的定义方法，可能会有些许的差距。研究普遍认为人体有 2 万~3 万个基因。一般来说，每个基因编码有一个蛋白质，那么蛋白质的功能是什么？ 同一个基因在不同环境下，在不同的细胞中又是什么功能？这都是很复杂的。

现如今，我们会对一些具备重要功能的基因有相应的基本了解。例如，把小鼠的某一个基因破坏掉，对它四肢的发育会有明显影响。那么，我们由此判断该基因会参与早期胚胎四肢发育的过程。关于特定基因发挥作用的分子机制，许多科学家也做了深入研究，但是，这离我们真正理解基因的全面功能，仍有不小的差距。

郝景芳 是的，我稍微解释一下DNA上的碱基和某个基因的基本差别。刚才提到30亿个碱基对，有2万~3万个基因，其实碱基就相当于字母，基因就相当于单词，而且是有实际意义的单词。

王皓毅 基因应该更像一段有意义的话，这样形容比较贴切。

郝景芳 也就是说，我们用30亿个字母编排成了一本书，其中最有意义的话有2万~3万句，但我们并不能完全看懂这些话究竟是什么意思。

王皓毅 也不能说完全不懂，科学家们做了许多努力去理解、参透，但离读懂整本书的意思还有很大距离。

另外，真正编码蛋白的这部分基因序列，只占了人类基因组大约1%的文本。30亿个字母里的1%是写这几段话，中间还有大量的非编码片段，其中一部分可以调控基因的“开或关”，但仍然有很多非编码序列，人们并不了解其作用是什么。或者有人会认为它们是多余的，是历史进化演变过程中入侵人类基因组的一些自私的基因元件，包括一些病毒的残骸。这其中藏了很多秘密，有待进行深入的研究。

2 基因编辑人类，一个需要严肃讨论的话题

郝景芳 基因编辑技术的应用现状如何？

王皓毅 单就应用层面来说，基因编辑的使用还是比较直接的，例如，通过基因编辑改造农作物、改造牲畜。媒体也曾报道过，日本的基因编辑农作物已经上市，美国的农业部也明确表示，基因编辑食物是不受特别监管的，跟普通育种一样进行评审就好。

所以，我和很多同行认为，基因编辑是一项安全性高，可以极大提高我们育种生产性状的重要技术。我们团队也做了一项比较有趣的实验工作。因为现在猪肉越来越贵，我们编辑了猪的基因的一个调控区域，也就是说我们编辑猪的基因组的特定区域并不编码蛋白，只是改变这个区域的几个字母，就可以使猪的生长

速度提高 20%~30%。

郝景芳 这么神奇！

王皓毅 对，当然，在我们进行这项工作之前，前人已经研究确定了这个特定基因组位置的重要性。我们基因编辑这个位置之后会发现，长得相对较慢的中国地方猪种巴马香猪，生长速度明显变快。而且关于肉的质量和各方面相关指标，基因编辑后的猪和原来没有明显区别。当然了，要想真正上市供人们享用，需要经过严格标准的安全质量评估，并且需要有足够大的种群来扩繁才可以。

郝景芳 我们知道动物和人有很多基因是很相似的，同样的方式在人身上也适用吗？比如在同样安全的点位上编辑基因，我的身高、体重就会增加 20%，或是减少。

王皓毅 理论上虽然有可能，但在人身上的应用有很大的不同。就像我一再强调的，人在发育和生活过程中通过细胞分裂产生大量的细胞，几乎没有办法能高效、准确地编辑一个人的所有细胞。如果要通过基因编辑改变发育的速度，就必须从发育的早期开始改，对吧？基因编辑这个问题，在动物和人身上的应用具有本质的区别，这涉及一个更严肃的话题——基因编辑在人类身上的应用。这是要慎重对待的事情，切不可拿来开玩笑。

郝景芳 是的，我们也不做这种严肃话题的假设。这类涉及伦理道德的敏感问题，一般会以天马行空的方式出现在影视作品中，观看过程发人深省。比如电影《绿巨人浩克》，就是典型的基因编辑蓝本。假如说现在有蛋白质的功能就像进入猪体内那样进入人体内，人真的有可能变成绿巨人吗？

王皓毅 不会的，对于动物的基因编辑，我们大多是从胚胎早期开始编辑的，等它长大后再编辑是没有用的。因为基因改造的是影响它发育的基因，所以必须从生命的最初开始做。

所有人类，所有的哺乳动物，其生命都是从受精卵结合开始的，父亲和母亲分别提供一半的染色体，一起形成受精卵的遗传物质。受精卵通过不断地分裂，形成囊胚，最后植入母亲的子宫里，继续发育成一个胎儿。细胞每分裂一次，DNA就复制一次，也就是抄写一遍30亿个字母。所以你可以想象，如果在受精卵时期就修改了它的基因，那么后面复制的信息全是被修改过的。也就是说，在动物的受精卵里进行基因编辑，再把它植入子宫后，孕育出来的生命身上每个细胞携带的基因组，就已经是被修改过的了。而这些动物再产生后代也会把改造过的基因传递下去。

当我们讨论人类基因编辑的时候，我们需要区分一组极其重要的概念：可遗传基因编辑和不可遗传基因编辑。可遗传基因编辑通常是指对于人类配子或者早期胚胎（受精卵）进行特定的基因编辑，编辑后的胚胎发育成一个个体，其身上所有细胞中的这个特定基因都已经被编辑过了，包括这个个体的精子或卵子。因此，他或她的后代也会携带这个被人工编辑过的基因，世世代代一直传递下去。而不可遗传基因编辑则是对一个已经出生的个体身上的某些特定组织器官的体细胞进行基因编辑，编辑后的细胞不会传递给下一代，因此影响的只有这个个体的部分细胞。理解了这两个概念的区别，我想大家就可以理解为什么对于这两种应用需要采取不同的伦理和科学考量以及相应的管理方法。

如果从造福人类的角度来讲，对于一些患有先天性遗传疾病的人来说，开发对其体细胞进行基因编辑的技术，其实只是基因治疗技术的一个新方法。而人类遗传疾病的基因治疗已经被研究了近半个世纪，针对不同适应证的临床实验也已经开展了很多年，因此利用体细胞基因编辑治疗遗传疾病是有清晰的研究和临床实验监管体系的，我认为应该积极鼓励和支持更多的科学家和公司开展相关研究和临床转化工作。

但是对于可遗传的基因编辑，如果在其受精卵时期通过基因编辑修复基因突变，理论上可以从根本上治疗这个疾病，但是对受精卵进行的任何基因修改，都将成为这个胚胎所形成的个体的所有细胞的基因组，因此也会传递给这个个体的下一代。因此在这方面的应用上，对于科学基础和基因编辑的技术要求是极高的。在人的胚胎里面进行基因编辑，现有技术的精确度仍不够，潜在的未知风险尚不能被充分评估。

另外，与基因编辑技术相比，目前有其他的方法能避免遗传病的延续。例如，辅助生殖技术的试管婴儿，配合基因筛查，可以把健康的胚胎选出来进行移植。这样就不需要再冒风险进行人为的基因编辑。

郝景芳 据我所知，有的疾病是100%显性遗传的。比如有些新生婴儿先天没有肛门。

王皓毅 大多数遗传突变导致的疾病，并不能说是100%会遗传，这取决于夫妻双方的基因型。如果夫妻双方有一方是完全健康的，即便是显性遗传，也仍有一半的概率得到健康的胚胎。如果夫妻双方都是患者，且两人都是杂合的基因型，那么他们有25%的概率产生一个完全健康的胚胎。

基因编辑触及一种最底层的人类生命逻辑。

郝景芳 所以科学家是对此做了非常深入、细致的探讨的。那么在什么情况下，我们可以考虑对人类进行可遗传基因编辑呢？

王皓毅 情况非常少，不能说绝对没有，但是所占的比例、可能性可以说是极低的。对于隐性遗传疾病来说，如果夫妻双方都携带双等位基因突变，才一定会产生患病的孩子。一男一女结合，4个拷贝的基因组必须全有突变，才会产生100%患病的胎儿。

一般来说，一个人如果本身就有严重疾病的双等位基因突变，可能很难活到适合的婚配年龄。所以，我认为，必须对人类进行可遗传基因编辑才能确保出生的孩子不携带遗传突变的情况，或者出现的概率极低。

郝景芳 所以你是强烈反对基因编辑婴儿的。

王皓毅 是的，我认为当前这是一个不应该被考虑的应用方向。如果说影视作品，我倒是看过一部非常切题的电影，《千钧一发》，英文名叫“Gattaca”。它的电影片名就是A、T、G、C组成的，在未来社会人们可以改造、编辑基因，编辑所谓“完美”的婴儿，随之造成的不平等会造成极大的社会不稳定，最关键的是基因编辑触及一种最底层的人类生命逻辑。现在社会各阶层之间的差距、分层已经相当明显，贫富差距也好，文化水平差异也罢，至少还能通过后天努力改变。但是，基因是一个人最基本、最底层的生命信息，如果提前被设计、被修改，造成的影响是无法挽回的，也将从根本上造就个体间的不平等。

郝景芳 “让我变得完美”，这对很多人来说是一种强大的诱惑。假如现在有一个私人诊所提供基因编辑服务，能让孩子的智力发育更完善，身体变得更健康，你会不会尝试？

王皓毅 我想说几个问题。

第一，好的定义是什么？这是一个非常难以定义的概念，尤其是在基因组尚未被完全读懂的情况下。像我们刚才提到的例子，你连书都没有读懂，怎么可能改得更好？一字或一句的变化，都可能会改变对整本书的解读。

第二，人和人是不一样的。一个人的30亿个字母和另一个人的有大概0.6%的不同。还是以书喻人，如果我改掉其中某句话，让这本书的意思看起来更完善，那么另一本书未必是同样的效果。

郝景芳 也就是说，一个人的基因编辑结果不是在所有人身上都适用的。

王皓毅 这是显而易见的，任何一个基因的特定基因型，或者一个特定的基因修改，也就是一个人的遗传背景，都是不一样的。基因永远不是单独发挥作用的，而是跟另外的两三万个基因相互作用形成的一个复杂网络。基因编辑，牵一发而动全身。

而身高、智商，这些性状其实是非常复杂的表型，它不是由单基因决定的。比如影响智商的可能有上千个基因，通过群体的研究可以找到一些相关性。比如说，高智商的孩子某个特定的基因位点，比如一个A，然后相对低智商的孩子的基因位点是个T，这只是相关性，你并不知道它是因果关系，如果要做任何基因编辑，首先需要证明特定的基因型和目的的表型是有强因果关系的。

其次，除了智商，还要看他的情绪、社会行为。你把特定基因位点从T改成A，有可能他的智商测验会高几个点（这只是打个比方，实际发生的可能性很小），但你无法100%确定这不会改变他其他的高级认知行为，比如性格。

郝景芳　所以就像绿巨人，虽然基因编辑后力大无穷，但他在性格上明显比普通人更加狂躁易怒，无法控制自己。

王皓毅　我觉得像X战警、蜘蛛侠或者绿巨人这些超级英雄，几乎是不可能通过基因编辑的方式改造而成的。但是一些特殊的人，像历史上那些被誉为天才的艺术家，他们可能是具有一定的神经系统异常的。比如画家凡·高，特殊的感知力或许能让他关注到异于常人的色彩。这是遗传疾病还是上天赐予的礼物？“好”“完美”，究竟该怎么定义？

在科研工作中，如果要研究某一个基因或者某一些基因的功能，首先要有一个实验模型，常用的有细胞模型和动物模型。但是，前者只能用来研究细胞层面的问题，当涉及高等认知功能（例如性格、思维等）时，你只能用动物做实验，但研究难度也会增大。因为这是主观视角的东西，你永远无法真正剖析自己到底测量了什么，你只能用一个近似的行为上的变化去推演。对高等认知

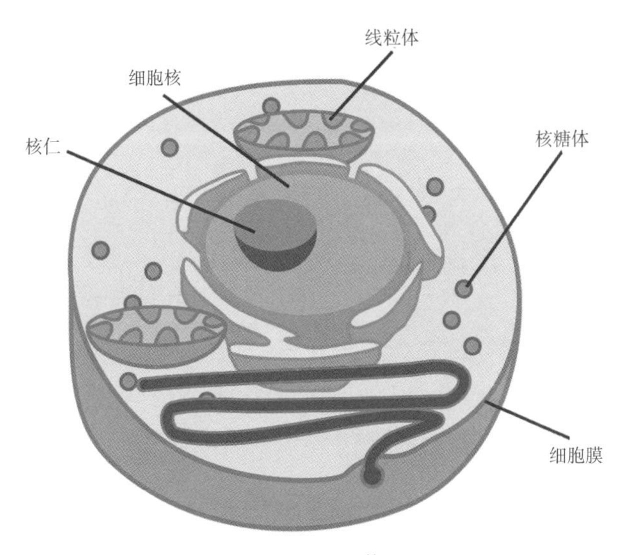

真核细胞模型[11]

行为的改变是不是够好、够安全，以至于你是否愿意用在你孩子身上？就现有的科学和实验模型来看，我认为是绝对不够的。

当然也有一些简单的外观可以通过基因编辑，比如眼睛的颜色、头发的颜色、皮肤的颜色。但问题又来了，审美是不断变化的，你无法预测说皮肤白皙就一定是美的，因为小麦色皮肤也是好看的，现代人对美的定义太多元了，孩子本身也有一定的主观意识，你没有权力替他做选择，对吧？

郝景芳　是的，很多人更倾向于大自然赋予的正常演变，也有人认可“人类优化论”这一观点，认为既然我们可以进行基因编辑，为什么不自我优化？

王皓毅　“人类优化论”是很危险的命题，是当年希特勒“人种优化”理论的基础，说白了就是“人种论”。这相当于一个人成了造物主，以人的自我意志定义世界的好与坏，定义基因的好与坏，不携带某种基因型的人在他的认知体系里就是劣等人。

郝景芳　但也有这样的人，他赞成在合理的情况下进行实验，就像科学家会在猪身上做实验，也只是想让猪在合理、安全的前提下快速生长。有特殊基因的人类真的能出几个“绿巨人”也说不定。

王皓毅 一项合理的研究，必须在细胞模型和动物模型上进行充分细致的临床实验，在人身上的实验和应用必须受到严格监管。

我们到底有没有权力为下一代做决定？

郝景芳 所以基因编辑人类，为什么是被严格禁止的？

王皓毅 我需要再次强调，基因编辑在人类的应用上应该先区分其后果是可遗传的还是不可遗传的。为治疗疾病而对不可遗传的人类体细胞进行基因编辑，我认为应该在现有的基因治疗管理框架下积极推动研究和转化。

对于可遗传基因编辑，首先，针对一个个体及其后代的每个细胞中的特定基因进行编辑，对技术的精确度要求要远高于对不可遗传的体细胞进行基因编辑。以这个标准来看，基因编辑目前的技术还不够成熟。如何在所有的细胞里都做到只编辑其中一个字母，而其他字母不受影响？

其次，牵一发而动全身的后果无法预估。这是最根本的原因，未窥全貌，无法得知编辑一个字母后会对整本“书”产生何种影响。即便技术上可以完美编辑，但仍然存在着个体差异。

最后，就算科学技术已发展得相当完善，我们人类也要问自己一个问题。那就是，我们到底有没有权力为下一代做决定？人为地修改基因的根本属性，涉及道德伦理方面的问题。

郝景芳　对，但是有人会说，父母作为监护人，当然可以替孩子决定一些事情。

王皓毅　没错，但这与基因编辑最大的区别就在于，一旦你修改了一个人的基因（我们现在说的都是可遗传基因编辑），影响的不只是一个人。所谓可遗传基因编辑，即我如果改变的是配子细胞，也就是精子、卵子，或是早期胚胎，那么这个孩子将来的精子或卵子也会发生变化，其下一代也是被基因编辑过的。所以基因编辑改变的不是一个人，包括子子孙孙。

另一类基因变异是不可遗传的。以镰状细胞贫血为例，把自己的造血干细胞取出来，修改好，移植回自己的身体。这种做法目前并没有太大争议。基因编辑可以被认为是基因治疗类别之下的一个特定技术体系，基因治疗已经有很多年的研究历史，在传统的基因治疗框架下，对基因编辑做好安全风险评估和监管就可以了。

我的个人看法是，大部分情况下可以用产前胚胎诊断的方式，来筛选健康的胚胎，确保能产下健康的孩子。对于患有遗传病的患者，我们应该积极推动不可遗传的，也就是体细胞的基因编辑治疗。其实不只是基因编辑，其他的基因治疗技术也可以治疗遗传病。基因治疗的应用，就跟吃药做手术一样，只不过这个手术不是在组织层面做，而是在DNA层面。

3 未来生命轨迹，是自然进化还是人为干预？

基因编辑不是单纯的治疗技术，这与大自然优胜劣汰的规律相悖。

郝景芳 那么人类的医疗是否改变了自然规律？像您刚才提到的遗传疾病，有的孩子甚至降生时就患有先天性遗传疾病，严重的甚至在自然环境下生存概率渺茫。但是，如果人为干预治疗，存活的希望就很大。加上基因编辑技术越来越完善，其后代能终身受益。那是不是可以认为，人类的医学，本身就已经跟大自然优胜劣汰的规律相悖了？

王皓毅　我认为这一点提得非常好，人类是大自然的一部分，所以人类做的事与大自然密不可分。你说的情况确实存在，我举个例子，现在辅助生殖的需求越来越大，我不知道什么时候世界真就变成了《使女的故事》中的世界。有研究统计显示，人类的生殖力近年来有明显的下降趋势，当然这可能跟平均生殖年龄增长有关系。一些男性患有弱精子症，其精子自身是没有足够的动力完成受精的，但是可以通过一些技术手段把精子取出来注射到卵子里，从而让卵子受精。那么携带导致弱精子症的基因突变患者，就可以很顺利地把基因传到下一代。这个基因所占的人群比例就会提高，但如果没有这项技术，这个人群自然也就不会存在。

郝景芳　这类人还有机会编辑自己的基因吗？

王皓毅　随着植入前基因植入筛查的技术应用，很多遗传疾病可以挑选不携带基因突变的、健康的胚胎移植获得后代。基因编辑本身就是另一种治疗疾病的方法，但关对于其具体应用，需要严格区分是可遗传还是不可遗传的基因编辑。

郝景芳　假设未来可遗传的基因编辑变得可控、有效，人类是否可以只编辑、修改那些已经精确了解的，而不去改变那些未知的、不可控的基因？

王皓毅 关于基因编辑技术在人身上的应用，有两组核心概念需要区分，一组是前面说过的可遗传基因编辑和不可遗传基因编辑，第二组核心概念是基因编辑是作为治疗还是增强手段。

郝景芳 有两点我认为很难做精确的界限设定。一是人类已经对大自然进行干预，譬如医疗手段、人工授精、试管婴儿等，照这样说来，基因编辑人类，我们似乎已经在做了，那么这个界限在哪里？二是这到底是治疗还是增强手段。假如我不幸得了镰状细胞贫血，那我能不能编辑一下我孩子的基因，让他不要得这种病。如果我有色盲症，我能不能做基因编辑让我的孩子不是色盲症？如果色盲基因都能编辑了，我孩子的肌肉力量不行，无法通过体育考试，能不能编辑相关基因？还有人觉得自己长得太丑了，HR（人力资源管理人员）都不愿意给机会面试，这能编辑一下吗？诸如此类的生活事例太多了，基因编辑的明确界限到底在哪里呢？

王皓毅 这个问题非常好，这也是现在科学界还有伦理界在重点讨论的问题。我的观点是，首先，是增强还是治疗，是可以划分比较清晰的界限的，尤其世界卫生组织对于疾病有详细分类，有的疾病是极度危重的，与你所说的色弱、色盲可以区分开来。

那么说到基因编辑人类，就不单单是科学的事情了。像我说的，你影响的是一个生命体和之后一代代的人。一旦批准了某一类基因编辑，一个群体都将受到影响，这将从根本上改变人的一些基因的基因频率，文化背景差异也是难以统一的。比如基因编辑在A国合法，在B国不合法，如果一个人在A国被“编辑”了，想跟B国的人结婚，可基因编辑在那里不合法啊，那该怎么办呢？

所以我认为，这已经不是单纯的科学问题，而是整个人类社会要达成的共识，到底在哪些情况下，基因编辑是普遍被接受的，被认为是应该且可以做的，而哪些情况是被严厉禁止的。可遗传基因编辑这件事如此重要，并非只要技术水平达到了，安全性足够了，就可以实施的，它造成的影响无法估量。这不是单纯的治疗，一旦开启，它注定会对人类社会造成深远的影响。

说了这么多，必须就事论事。我说的是针对可遗传的人的胚胎基因的操作。但是对于现在的技术，对于体细胞的编辑，其实在很多疾病的治疗上是可以接受的，但这仍然需要更严格的实验。例如，一位癌症晚期患者，假使只剩三个月的生命了，他个人及家属在条件允许的情况下，极有可能愿意签下知情同意书，去尝试一些收效未知的先进疗法。它的效果与风险是并存的，所有新的疗法都如此。对于同一个技术、不同疾病的治疗应用的评价标准也是不一样的。所以不能一概而论，评价基因编辑技术是否足够有效和安全，需要在特定的应用场景下具体分析。

基因编辑技术，是需要人类作为命运共同体一起面对的问题。

郝景芳　长远来看，如果有一天有人愿意承担基因编辑带来的风险，想对自身哪怕是后代进行基因编辑，就像你说的，如同打开了潘多拉的魔盒，其造成的影响是不可估量的，那么是不是会出现“变种人”？一些基因被编辑过的新的人种出现，会给未来社会带来哪些问题与风险？

王皓毅　人类是大自然创造出来的，是生物大分子在不断地撞击和选择的过程中产生的。这也是我为什么说对待可遗传基因编辑一定要慎之又慎！

郝景芳　科学家难道不会去想象一些由人类创造出来、类似半神，比现在的我们还要强大的人种存在吗？

王皓毅　从个人角度而言，我不会希望发生这种事。在有合理例证的前提下，由世界各个国家紧密协作去研发治理或许可以。但它一定是个例，而且少量的。当然还是要具体问题具体分析，也就是到底修改了哪些基因。在我看来，即使一个人被基因编辑过，也不应该被区别对待。就“突变”这个概念来说，我们每个人都是突变体，每个人都有 50~60 个基因发生基因突变。我们虽然有 2

万多个基因，看似每个人都正常，但实际上都会有 50~60 个基因是丧失功能的。所以一个人有健康的体魄，能正常地生活，是非常幸运的事情。

当然，大脑是最复杂的，包括影响神经系统发育的基因，应该有上千个。到现在为止，人们最难攻克的疾病还是神经退行性疾病，像阿尔兹海默病仍然是最大的挑战之一。我们对大脑以及基因对于大脑的调控的理解，还是太粗浅了。

所以，即使有人在基因编辑后出现了一些预想不到的能力，或者某些部位发生突变，因此产生预期之外的效果，可这仍然跟我们在大自然环境中发生的基因突变是类似的，并不需要刻意标注这一人群与其他人有什么不一样。

郝景芳　所以假如真的有人非法“编辑”了婴儿，人类社会也是不会刻意排斥这些孩子的，因为他们本身无法选择自己的命运。

王皓毅　我认为，没有理由将他们与我们区分开来，大家都是人类，携带着不同的基因突变。

郝景芳　所以，基因编辑技术，是需要人类作为命运共同体一起面对的问题。

我们之所以进行这么严肃认真的对话，是希望能够给予公众更多基于科学层面的理解、认知，以及表达一种严谨的研究态度。

可遗传基因编辑需要全人类共同监管，必须受到基本道德伦理的制约。一旦基因编辑技术被别有用心的人加以利用，去肆意地编辑、更改生命个体基因，这会给整个人类社会带来灾难的后果。同时公众也要理性地看待基因编辑技术，任何先进的科学技术都有两面性。

王皓毅 其实，基因编辑已经在朝着积极的方向发展，甚至已经潜移默化地改善了人类生活。例如，依托基因编辑的精确育种，不仅能够提高农作物产量，对牲畜的一些生长性状的改良，也有很大的益处。

另一个广泛开展的应用，是对遗传疾病的体细胞治疗，国内外很多公司和科研团队都在积极地推动相关研究。只要在现有临床实验的框架下进行监管，严格符合操作流程，一期、二期、三期临床证明安全有效，应该就可以在正规的医疗机构接受治疗。

必须一再强调的是，所谓基因编辑的风险、顾虑，更多的是针对可遗传基因编辑。这是我们人类作为一个物种第一次拥有了从根本上改变我们自身遗传物质的能力，而这种遗传物质改变是可以传递给子子孙孙、后世后代的，对整个人类社会有巨大的影响。所以，可遗传基因编辑的意义跟我刚才所说的其他研究，完全不是同等概念。

郝景芳 我想到一个有趣的点，既然可遗传基因编辑会影响我们的后代，那么问题来了，如果后代子孙想要再次进行基因编辑，重新改变自己呢？换句话说，已经更改的基因，能否再改回来？基因编辑，能不能令一个人“恢复出厂设置”？

王皓毅 这是个非常有意思的设想，我只能说基于现有的技术考量，“恢复出厂设置”无疑是一件雪上加霜的事情。因为对这个人来说，他的基因已经被编辑，已经对他造成影响了。如果改回来，只能修改他的后代的基因，但是一个个体受到的影响，其后续是很难预料和修正的。当然技术水平是不断变化发展的，只能说基因编辑成功的概率会提高。

郝景芳 感觉也是牺牲了一代人。

王皓毅 在基因编辑这个问题的判断上，我希望大家尽量还是相信科学共同体和世界卫生共同体的所有专家。这其中包括科学家、伦理学家、法学家，包括一些遗传病患者组织，他们会在评估现有的技术水平及风险后给出一个最终的建议。

而说到有关基因编辑的想象，我们分析、讨论过无数次，最终能否达成一个共识，这关系到太多国家的切身利益和文化以及宗教信仰。作为研究基因编辑的一员，我只能提供建议。一个国际科学界共同体，世界卫生组织的两个委员会，都在做深入探讨，可能明年（2022 年）会有一个非常完善的报告，将以此奠定基因编辑的基石，对于整个人类社会在这方面应该怎么监管给出详细指导。

11100100101110001010110111100101
100110111011110111100101100010011
0001101111001101011001010111111

第五章

粪菌移植

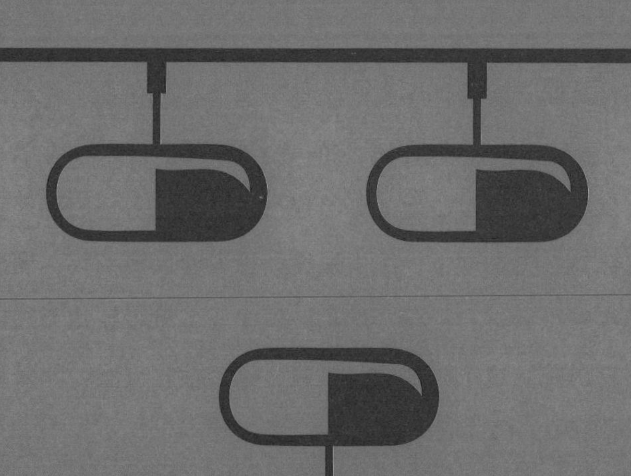

在医疗题材美剧《实习医生格蕾》里，有一对夫妻的故事让人啼笑皆非。夫妻来医院挂号，老婆说肚子好疼，一定是得了胃癌，老公说“你少来，你这个疑心病又上头了”。医生通过初步诊疗，检验出她的腹痛不适是因为“艰难梭菌异常”。经过追问才发现，老婆因为皮肤上的痘痘，自己偷偷在网上买抗生素吃，滥用抗生素才导致生病。最后医生提出，治疗的方法就是“粪菌移植”，需要把老公的粪便菌群移植到老婆体内，因为与她朝夕相处的老公是最合适的健康菌群移植来源。可是老公不乐意了，说“想要我的大便有条件，只要你承认你就是有洁癖、疑心病，我就帮你”。可是老婆说：“对不起，我真的觉得这个世界好危险，你为什么看不到那些危险呢？你为什么不理解我的痛苦呢？”老公听了以后，沉默了，也很积极地配合治疗，提供了他的粪菌。

其实早在1958年，美国就有一个“粪菌移植”案例。当时美国有一种名叫“假膜性小肠结肠炎”的消化道疾病，死亡率高达75%。美国科罗拉多大学医学院的一个外科医生对4名患者采用抗生素、氢化可的松、益生菌等治疗手段后，患者仍腹泻严重，甚至出现休克。无奈之下，医生最终和患者及家属商议，用患者家属的粪水对患者进行灌肠。结果，其中3名患者在几天之内奇迹般地康复出院。这个早期的“粪菌移植”治疗方案，就是通过调整患者肠道中的菌群健康状态来治疗疾病。

定居于人类体内的肠道菌群数量庞大，种类繁多。我们肠道里存在的细菌数量是10万亿~100万亿，这是一个很大的数字，是什么概念呢？2016年美国的GDP大概是16.7万亿美金（按2009年不变市场价格计算），也就是说,我们肠道里的每个微生物如果创造1美元GDP的话，我们每个人都比美国政府还要富有。

健康的肠道菌群不仅能帮助我们消化食物，维持消化系统的健康，实际上还维持着身体其他各个系统的健康。现在医学界把肠道菌群看作一个新的器官，是人体的“第二基因组”，它整体上调节着我们身体的各个方面，跟消化系统、代谢系统、免疫系统甚至中枢神经系统都有关联。医学界正在尝试通过调整肠道菌群来治疗一些困扰很多人的疾病，比如儿童哮喘、肥胖、免疫力低下、2型糖尿病、抑郁症、自闭症、阿尔兹海默病等。

“你不知道的人体第二基因组。”

郝景芳

×

谭验

中国科学院微生物研究所生物工程专业硕士研究生企业导师

1 肠道菌群不只是肠道的事

神奇的小药丸

郝景芳 谭验博士带来的这个神奇的小药丸是什么东西？哇，还冒着白烟呢！

谭　验 今天的主角呢，其实是这瓶胶囊。这是一种非常先进的治疗方式，它是一款“有味道”的胶囊，但是有很多的作用。

郝景芳 这个胶囊有个“高大上”的名字是“肠道菌群胶囊”，但是还有一个俗名，江湖人称“粪菌胶囊”。所以“粪菌”是如何治病的呢？

谭　验　肠道菌群是国际上一个非常热门的研究方向，我们发现人体的肠道菌群其实是我们的第二基因组。为什么会有这种说法？大家一开始的想法可能是，人和人的差别很大，或者人种和人种的差别很大，所以菌群的差别也会很大。我们跟麻省理工学院的一位教授发起了一个项目，到全球各地的偏远地区，也就是跟现代城市比较隔绝的一些村落或者部落里，去采集当地人的粪便，然后把其中的一些菌株分离出来进行研究，想看看菌群的多样性。事实上，经过十几年的研究，我们发现全球的人的肠道菌群的总体相似度达到80%以上。从基因层面来看，这就说明我们肠道里面携带的是不同功能的基因，相似度也很高。不管你来自哪个地区，是什么人种，人类之间的相似度非常高。这也能从侧面证明，为什么通过粪菌胶囊治病能够发生或者必然会发生，因为调节肠道菌群就是在调节生物学中的“保守功能”，那些疾病就是由缺失保守功能而导致的。

另外，生物学界和医学界一直有“脑肠轴”这么一个概念，就是说我们的精神健康、大脑反应，是跟肠道相连的。一个人的精神状态不够健康，很可能是由他的肠道菌群紊乱引起的。现在越来越多的科学研究证实了这种关联，比如研究自闭症与肠道菌群的关系、阿尔兹海默病与肠道菌群的关系。一篇发表在《细胞》杂志上的文章里说，肠道菌群分泌的一些有害物质通过迷走神经节进入大脑，导致了自闭症，一系列的动物实验数据都证实了这种关联。

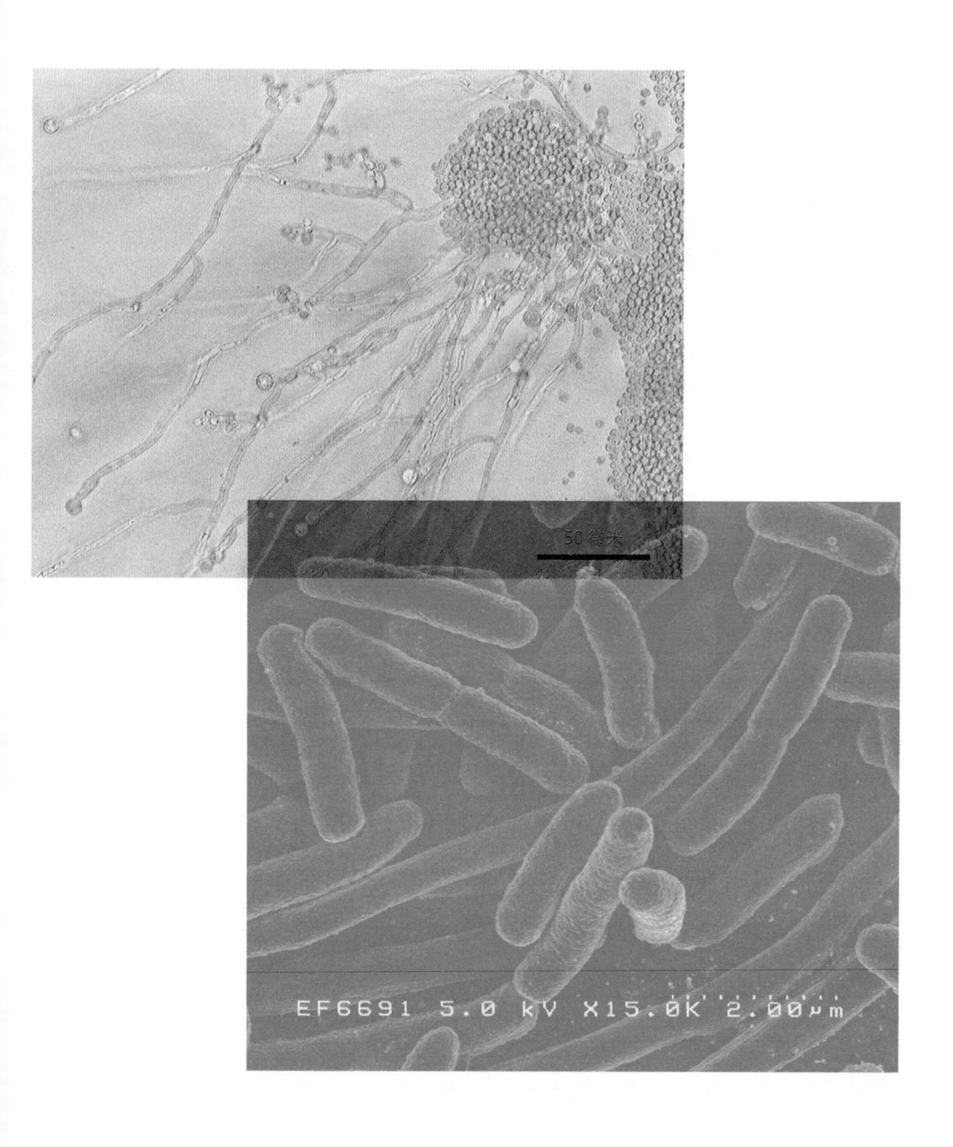

（上）白色念珠菌[12]
（下）大肠杆菌[13]

肠道菌群在医疗上应用也很多，比如跟免疫相关的肿瘤的免疫治疗，跟神经系统相关的自闭症、抑郁症等疾病的治疗。肠道菌群可以在这些不同领域发挥很好的作用，对应不同的疾病的治疗产品。像我们公司在做与跟代谢系统有关的一些研究，针对一些代谢性疾病（高血脂、高血压、肥胖、糖尿病），目前相关产品已经投入量产，也已进入医院使用。

郝景芳 胶囊类药物一般在胃里面就开始溶解，而胃酸是很强大的，很多细菌会被胃酸杀死，你们的粪菌胶囊怎么保证菌群最终可以有效抵达肠道呢？

谭　验 我们的胶囊皮是双层的，经过专门的设计。另外，胶囊皮本身是肠溶性的。今天我们在实验室看到的溶出仪（见下页）就在做胶囊溶解测试，测试胶囊溶解的过程。我们的胶囊在酸性pH环境中（也就相当于胃液里），两个小时内不会溶解。随着食物的进入或者肠道的蠕动，胶囊到了肠道以后才开始溶解。这样的过程保证了胶囊里所有的细菌能够顺利地通过胃，最终在到达肠道以后才释放出来。

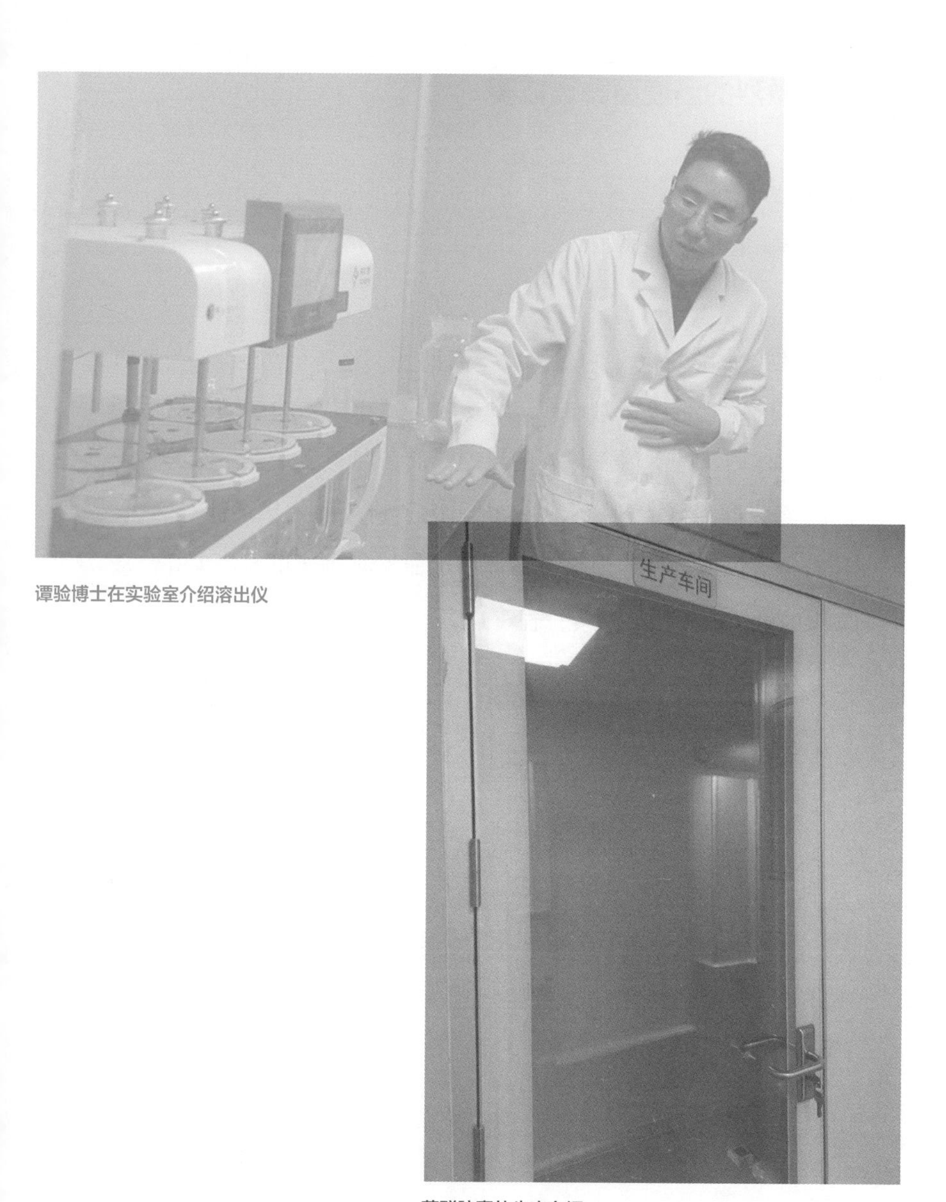

谭验博士在实验室介绍溶出仪

菌群胶囊的生产车间

竞争激烈的肠道菌群选拔赛

郝景芳 把健康菌群植入肠道里面，帮助一个人调节身体健康，可是去哪里找健康的菌群呢？

谭　验 从医学角度讲，整个方案叫作“粪菌移植”，是一种组织移植的概念，跟输血一样。输血就是把正常人的红细胞输送到病人的体内，达到治病救人的目的。粪菌移植就是把正常人体内的肠道菌群，移植到病人的体内，达到治病的效果。针对输血，我们会对供体的血液做很多筛选，比如检测血液里的病毒等，从健康的供体那里获得健康的血液。

针对粪菌也会有详细、系统的筛选过程。比如，我们在初选网站上发布一个报名链接和二维码，供体或者说志愿者报名后的第一步是在网上填写问卷调查，会被详细地询问他们的生活习惯、饮食习惯；第二步是面试，专业机构会观察志愿者的精神面貌和心理状态；第三步，志愿者的血液样本、粪便样本会经过医院的100多项检测，检测是否有有害的感染性细菌或肠道寄生虫等。也就是说，供体一定要非常健康，他的粪便也得非常健康，才能达到捐赠的标准。

郝景芳 这个筛选很难吗？身体健康、精神健康的比例能有多少？

谭　验　很难，在实际操作中目前的比例在2%左右，可以算是百里挑一。比如说要求他们作息规律，晚上12点甚至11点就要睡觉，早上六七点起床；不抽烟，不喝酒；吃的食物都非常健康，不会经常吃辛辣食物，不会吃太多大鱼大肉，这些都是比较难做到的。

跟献血不太一样，这些供体或者说志愿者不只是在参与捐献，其实也在参与一项科学事业，参与一个科技发展过程，在参与治病救人。所以从这个角度来说，可以为了一个更大的目标调整自己的作息状态，不仅对自己有好处，同时能帮到其他人，参与这种捐献也挺有意义的。

菌群胶囊的制备过程

郝景芳　找到了健康人，找到了健康的肠道菌群，那么大便要怎么变成这罐胶囊呢？

谭　验　这是一个非常科学并精细的操作过程，虽然大家喜欢叫它“粪便胶囊”或者“粪菌胶囊”，但严格地说，它叫“肠道菌群胶囊”或“活菌胶囊”。这是一个非常严格的过滤和提纯过程，最后胶囊里的全部是微生物，不可能有任何大便的其他成分在。

从原料药，也就是药物的原材料开始，主要经过两个步骤：过滤和离心。过滤能把粗的颗粒和杂质去掉，然后通过多步的差速离心，利用微生物不同的沉降系数，将所有微生物沉降，去掉所有的食物残渣。另外，整个操作需要在厌氧环境中进行，也就是没有氧气的环境，这样才能最大限度地保证活菌率，最终得到高纯度、高活菌率的胶囊。

郝景芳 这些胶囊开始在医院里面使用了吗？

谭　验 专业公司研制出来的胶囊一般会在医院发起研究者发起的临床试验（IIT）。北京大学肿瘤医院、上海新华医院、南方医科大学的南方医院，都有临床研究，有的病人已经开始使用菌群胶囊进行疾病治疗。

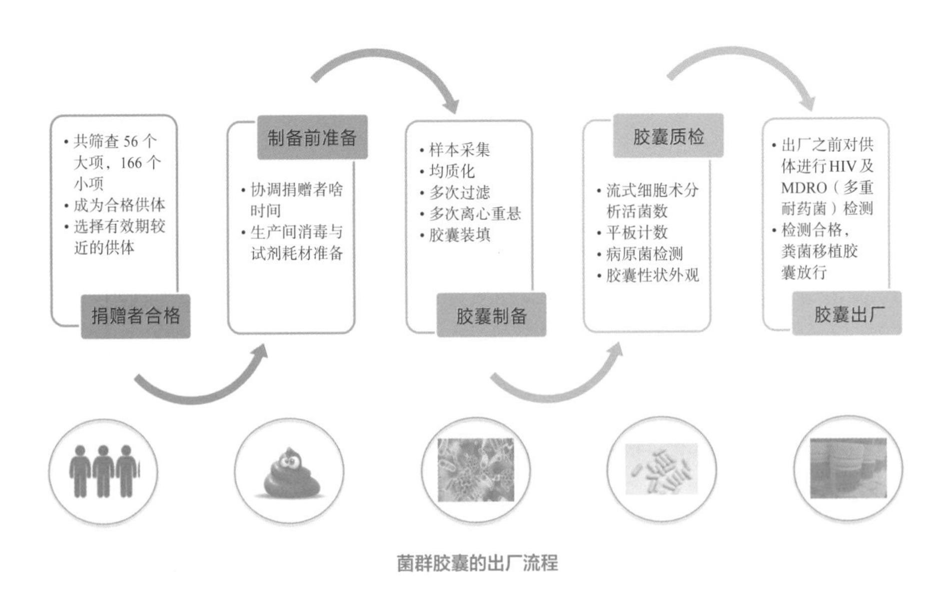

菌群胶囊的出厂流程

2 对症下药

我们身体里的小宇宙

郝景芳 平时我们所说的对症下药，比如阿司匹林在治疗一种疾病时，会直接攻击目标。肠道菌群的治病原理是不是很不一样？它很像一个工厂，工厂里有各种菌群，就像一个公司里不同的员工各司其职，搭配在一起才能达到好的效果。如果只是一一提炼出其中的一种，就像一个公司里只有销售部门没有产品部门，单独提取出来的一部分也干不了什么事儿，是吗？

谭　验 是的。其实我们一直以来把肠道菌群称作一个生态系统，你刚刚说它是不同员工组成的公司，非常形象，或者我们可以把它类比成一个森林的生态系统。这个生态系统里面要有草本植物，要有木本植物，才能成为一个完整的生态系统。而健康的生态系统就能够自我调节，比如调节我们自身的免疫系统、肠道的消化系统，或者是神经系统。

郝景芳 一个人其实就像一个小宇宙，里面有好多这样那样的小生物。我原来给小孩讲过一个故事，叫《肚子里有个火车站》。那个故事说的是，肚子里有好多小精灵，它们在工作，替我们消化食物。这是一种拟人化的说法，但现在想想，其实这是真的。肚子里真的有很多这种小细菌，它们都是独立的生物，我们的肚子就像一个世界一样，是不是可以这么比喻？

谭　验 有一本叫《小宇宙》的书就在讲微生物，其中也讲到了肠道微生物。而实际上现在的医学界，比如美国FDA（食品药品监督管理局）对其在微生物制药领域的正式叫法是活体生物疗法（Live Biotherapeutics），也就是"活的"生物治疗方案。我们是通过活的微生物、活的细胞在我们体内不断地生产一些物质来帮助我们治疗疾病的。

按方取药

郝景芳 我们身体里有这么多种不同的菌群，研究有没有发现到底哪些特别有用？还是很笼统地把所有肠道菌群都移植到病人体内呢？

谭　验 可以跟输血进行类比，血液有A型血、B型血、O型血等，对应不同血型的病人。关于肠道菌群，由于它的复杂度非常高，所以没有这种简单的分类。我们看待供体时，也不会简单地认为他的菌群只能够治疗某种疾病。

另外，我们公司内部会大量地采用人工智能和生物信息的计算方法，就是为了在复杂的肠道菌群里总结出一些规律，建立一些模型，把不同的供体或者是他们的肠道菌群分成不同的类别，不同的类别对应不同的疾病。比如我们制作的PD–1（程序性死亡蛋白–1）、肿瘤的免疫治疗联用的胶囊，对应的供体的肠道菌群叫特征或特性（profile），这种菌群就跟我们用来治疗自闭症或肠道紊乱的菌群不太一样。所以我们筛选的时候，先选出健康的供体，然后去看供体的肠道菌群的组成结构，针对不同的疾病来使用这些菌群。

郝景芳 菌群被提取出来之后，是可以继续培养、养殖的吗？今天在实验室参观的时候，我注意到那里有些这样的实验室。

谭　验　对，事实上我们在实验室里面还搭建了一个培养组学平台，会把肠道菌群里的每一株菌或者是每一种菌单独分到培养的小试管里面（见下页），然后放到摇床上进行培养。目的就是把粪便里面的菌尽可能地分离出来，鉴定、确定其是什么样的菌，然后再在体外或者通过动物去验证它的一些功能。

最终，我们希望建立一个“库”，通过这个库我们知道不同的微生物分别有什么样的作用，然后我们以配方的形式把它们配在一起，来治疗疾病。就像你们看到的显微镜里面的乳酸杆菌，这是我们分离出来的一种单独的菌，我们正在研究它的功能。

这么好的菌群胶囊我可以吃吗？

郝景芳　如果有人觉得自己身体处于亚健康的状态，能把这个东西当保健品吃吗？

谭　验　我们现在还在按照药品的监管标准做，所以这些胶囊都只能在医院作为治疗疾病的药物，还没有到供所有人使用的阶段。在医院里，这些胶囊要经过临床一期，随着临床二期、三期的推进，预计在 2~3 年以后，在医院里能作为处方药胶囊提供给有需要的病人。

对于普通老百姓以及确实相关的病人来说，一定要去参加由大型正规医院发起的正规临床项目，那些是严格遵照伦理的、遵

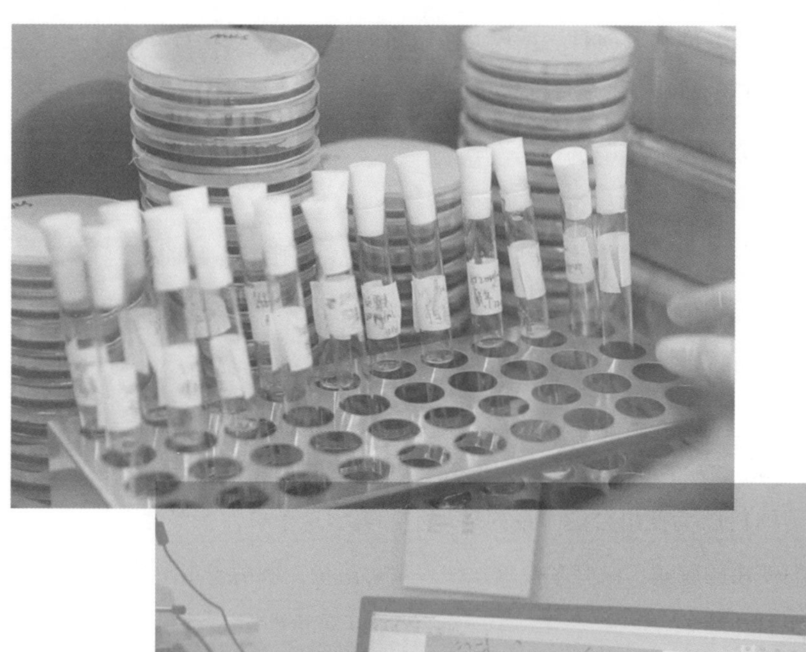

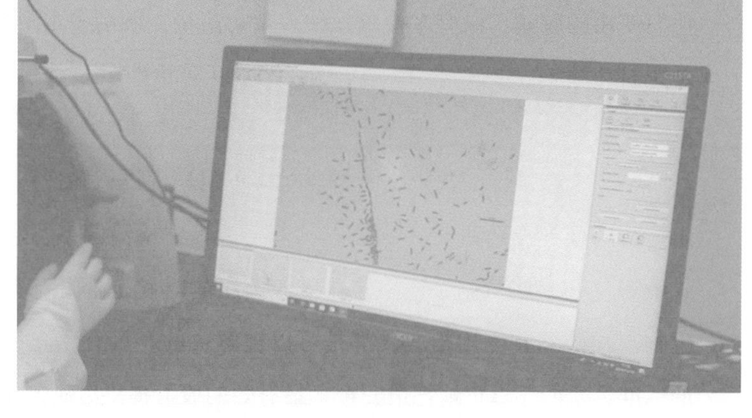

（上）鉴定和区分粪便里的各种菌

（下）显微镜里面的乳酸杆菌

从国家监管的临床项目。正规大医院里的伦理委员会会严格审查临床项目的科研数据，判断它的安全性和严谨性，事实上这帮助病人做了大量筛选工作。

郝景芳 但是这种治疗其实也有一定风险，对吧？即使是来自健康人肠道内的菌群，是不是也不一定适合所有人？我也听说过国外曾出现胶囊致死事故。

谭 验 关于美国的粪菌移植致死事件[①]，我们也非常关注，包括美国FDA为此出台的一系列新规定。美国这个事件主要是因为他们使用的胶囊，没有多检测几种多重耐药菌。所谓多重耐药菌，是跟抗生素有关的一些菌，病人吃下去以后感染了多重耐药菌，最终导致死亡。

第一，在供体筛选阶段就需要对多重耐药菌进行筛选；第二，出厂的时候还要再进行一次筛查，包括涂板去检活菌率，通过流式细胞仪和一些检测手段，检测胶囊出厂的时候是否含有有害微生物。这些问题不用担心，都是可以被解决的。只有建立最严格的标准，才能够真正地把最安全、最有效的胶囊提供给病人使用。

郝景芳 随着技术革新，菌群胶囊的安全性越来越高以后，普通人能不能吃？它是否有可能成为保健品？

谭　验　菌群移植是一种比较“重”的手段，我们会把它当作医疗手段。但未来如果可以通过大量研究分离出单菌株（比如新型益生菌），那么菌群是可以给普通人服用的，甚至可以帮助人体调节体内的益生元。因此，我们也在呼吁大家参与菌群资料研究的过程，菌群数据越多，越能够帮助到所有人在未来享受到利用菌群胶囊调节肠道的福利。

郝景芳　能不能评价一下我国在这方面的研究，以及我国的这类产品在国际上是什么水平？跟美国或其他地方比起来，咱们算领先水平吗？

谭　验　其实中美在这个行业的差距是比较小的。我国和美国都是从 2007 年左右开始的。因为人类微生物组计划，我们从科研端知道肠道微生物跟很多疾病有关系。从 2013 年左右开始，美国出现不少相关的企业，其中很多就位于波士顿地区。中国可能起步要晚一些，但在基础科研方向和微生物组的研究上，无论是文章的数量还是质量，抑或是科研布局，其实跟美国、欧洲没有太大差距。

在这个产业领域内，中国拥有一些独特的优势，比如我们有很多临床资源，而且收集数据的速度比美国快很多，因为我们的人口基数比较大，有研究者发起的临床研究。我国研制出来的菌群胶囊在医院里由研究者发起，用到病人身上后收集临床数据，

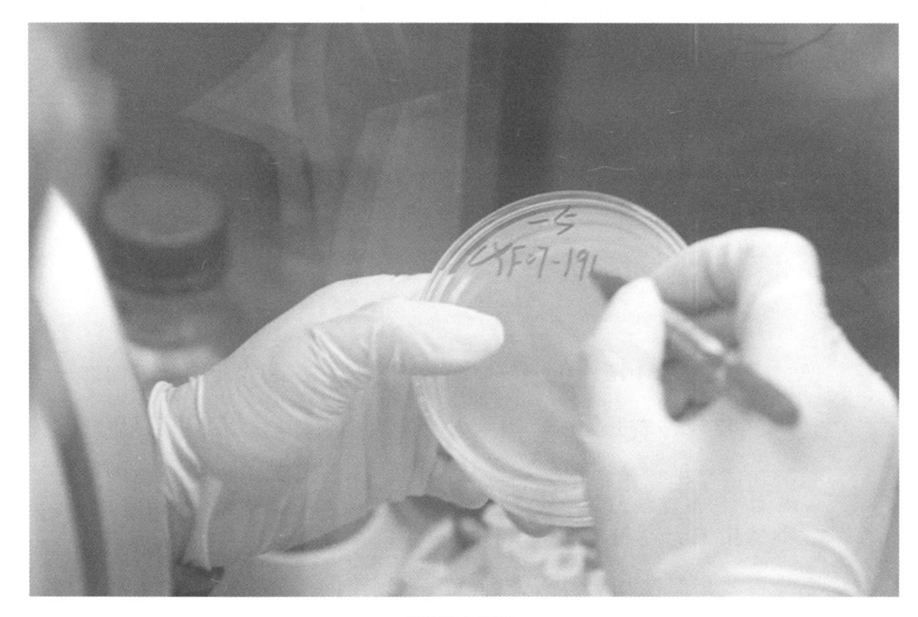

分离出单菌株

而且在我国能收集到大量的粪便样本进行测序分析。虽然起步晚，但我国在这个领域的发展速度非常快。实际上,在一些领域，比如 PD–1 免疫治疗领域，我们收集的数据已经达到了全球最大规模的水平，所以我觉得中国是有独特优势的。

郝景芳 对，这就跟中国的互联网公司一样。全世界任何一个国家都没有我们这么大的用户体量，所以其他国家在大数据学习方面就不如我们有优势。人口数量确实在很多研究里还挺有优势的，可以让我们有弯道超车的机会。

谭　验 所以我觉得微生物组制药这个行业，可能是我国在生物科技方向真正第一次有机会弯道超车，达到世界领先水平。中国的制药公司跟美国的同领域公司也已经开始接触合作，彼此有可以交换的资源和进行合作的点。中国的制药公司有自己的独特优势，和海外公司之间也有一定的互补性。

3 肠道菌群和你的生活息息相关

无处不在的肠道菌群

郝景芳 这里其实有一个问题，为什么健康自律的生活方式对我们的健康很重要？抽烟喝酒，还有包括晚睡晚起、吃辣在内的一些事情好像都能让人很快乐，为什么对肠道菌群的健康就不好呢？

谭 验 事实上，我们在实验室里做过一些调查，研究哪些生活方式对于肠道菌群的影响大。我们对比了抽烟、频繁旅行、喝酒，还有吃辣，最后发现，喝酒对肠道菌群的影响是其中最大的，但是我们也发现人的肠道菌群处在健康的生态中时，恢复也很快。

我们找了一位不怎么喝酒的同事做调查，发现他喝酒后肠道菌群变化非常大，但一周后就恢复如常了。也就是说，适度饮酒其实是没问题的。

郝景芳　仔细一想，很多时候备受推崇的健康生活方式，其实最接近原始人的生活方式。日出而作，日落而息，别吃那么多辣，少喝酒，别吃那么多高脂肪、高蛋白的东西，而且像原始人一样多吃点叶子、果实、坚果，以及各种纤维。生活得越像原始人就越健康，差不多是这个意思吧？他们白天经常出去跑步打猎。

谭　验　你说得很有道理。事实上人的进化速度慢于科技进步的速度。比如，很多年前大家都吃不饱，到了现在食物供给很充足，反而导致糖尿病这类疾病高发。

肠道菌群也是一个道理，它随着人体进化，一直帮我们调节身体各项功能。现代社会的饮食方式，跟以前很不一样，但是人类的身体进化得没这么快，人类的肠道菌群还是以前的状态。物质生活越来越富足的过程中，肠道菌群很容易被破坏，这也是为什么越来越多的人因为肠道菌群紊乱出现一些疾病。

郝景芳　肠道菌群对人的影响很大，比如对健康、性格和精神面貌都有影响。那对长相有没有影响啊？

谭　验　这是一个很好的问题。我们最近的一些研究发现，大家常说的“夫妻相”，其中一个可能的原因就是夫妻长期生活在一起，一起吃饭或接吻的时候会交换很多菌群，夫妻俩的菌群越来越相似，最终导致相貌越来越相似。所以说，肠道菌群可能对相貌有一定的影响。

其实还有一项有关双胞胎的研究，他们的基因型完全一样，但是在很长的一段时间里不在一个地方生活，饮食结构完全不一样，生长环境也不一样，其中一个长得很胖，另一个长得很瘦。这项研究说明，胖瘦可能不完全是天生的，跟后天环境也有很大关联，跟肠道菌群是有关系的。

和肠道菌群有关的脑洞

郝景芳　我有一个关于微生物未来发展的脑洞。我知道，最近一些科学家在研究微生物的时候会制造新的微生物，也就是说，基因科技已经可以实现微生物的改造。我问他们：“你们在做什么研究？”他们说在做造物主的研究。人类如果在未来造出各种各样的微生物，它们会不会对我们产生非常大的影响和作用?

谭　验　我觉得整个菌群制药行业的下一步可能就是合成微生物制药。第一层次的合成，是我们筛选出一些菌，把它们组合在一起；第二层次的合成，是我们基于对这些微生物基因和对应功能的了解，以人工方式改造这些微生物，让它们生产出更多能治疗疾病的有效物质。在未来，我们可以把微生物当作活的药物工厂，也可以把我们需要的基因植入这个工厂，让微生物进入我们的肠道后长期发挥有效作用，达到治疗疾病的目的。

就合成微生物的伦理风险而言，科学院经过很多讨论，有一些现成的解决方案。比如我们在合成微生物的时候在其基因组上加一些元件，让其暴露在空气中就会死掉，这样的话就能防止它从用药部位传递到现实世界或再到其他地方。另外，也可以设置一个“时钟”，让它在一定时间范围内发挥作用，时间到了以后该微生物也会死掉。所以当我们能够改造微生物以后，可以非常可控地全面利用它们，发挥其治疗疾病的作用。

文中相关注释：

① 粪菌移植致死事件，2019 年 1 月，美国两名患者在接受粪便微生物组移植后病倒，其中一人死亡。FDA立即叫停了当时正在进行的一些使用粪菌移植的临床试验。这两名免疫功能受损的患者接受了同一名供体的移植样本，其中含有多重耐药性细菌，来自该供体的其他样本也被发现含有多重耐药性大肠杆菌。

111001001011100010101101111100101
100110111011110111100101100010011
000110111100110101100101010111111

第六章

机械骨骼

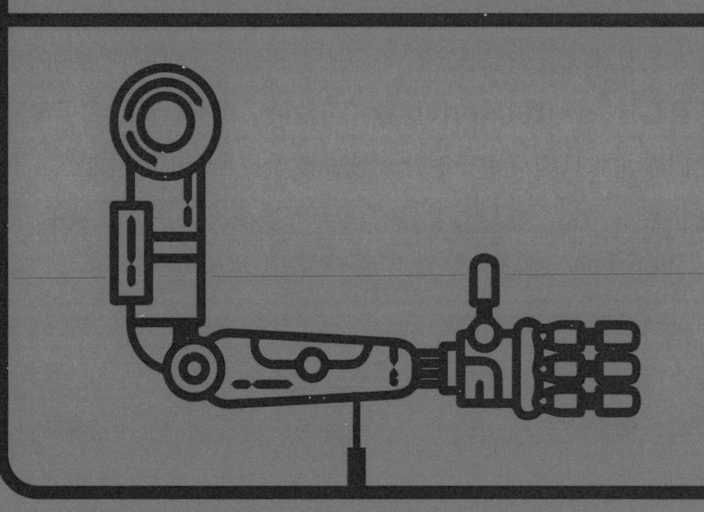

机械骨骼，顾名思义，就是通过人造方式实现骨骼特性的辅助器械。智能假肢又叫神经义肢，是一种生物电子装置，它的制造原理是医生利用现代生物电子学技术，将患者的人体神经系统与照相机、话筒、马达之类的装置连接起来，以嵌入和听从大脑指令的方式，代替躯体缺失或损毁的部分的人工装置。

这次我们所探究的话题，其实更接近后者。之所以将机械骨骼与智能假肢统归到一起，是因为国内目前关于这方面的技术研究同时结合了二者。很多时候，我们听到“假肢”这个词，会自然联想到为残障人士提供康复功能的辅助性用具，在残疾人奥林匹克运动会（以下简称“残奥会”）上也能看到，一些残疾人运动员会使用由金属制成的智能假肢，帮助自己重新获得奔跑的能力，甚至重获新生。

其实国内早在20世纪80年代就已经开始探索智能假肢技术，清华大学机械工程系设计工程研究所季林红教授所带领的实验室团队更是这一研究领域的佼佼者。与他的一番对话中，我了解到智能假肢并非只能应用于医疗领域，该项技术未来的可能性正在逐渐拓展。比如，机械外骨骼有极大可能成为人类的机械助力，成为交通运输业、服务业“任劳任怨”的优秀员工。

正如我们在科幻电影看到的，有了外骨骼的强大助力，人类的战斗力可能也会大大提升。那么，现如今智能假肢、机械骨骼的研究发展究竟到什么程度了，半人半机械化的时代又是否真的会到来？

“这项辅助技术到底是高科技产物，还是实用型技术，就交给未来社会去选择、判断。”

郝景芳

×

季林红

清华大学机械工程系设计工程研究所教授

1 机械骨骼的“合理化分工”

机械下肢完成跑跳动作，机械上肢完成必要行为。

郝景芳 机械骨骼目前能做什么，需要攻克的难点在哪里？

季林红 机械骨骼，也可以称为生物假肢。在国内甚至全世界，很多人因为受伤或其他情况出现肢体损伤、缺失，导致生活不便。截肢后的人，要想恢复身体原有的功能状态，就必须穿戴假肢。所以，智能假肢可以起到替代作用，让受伤的人们重新拥有健全的肢体，借此运动、行走，做一些与生活、工作相关的事情。

郝景芳　也就是说，像残奥会上一些田径运动员会身着机械的金属肢体参加比赛一样，在实际生活中，一般人也能依靠金属肢体灵活地做事吗？

季林红　是的，一般大的动作都是能靠金属肢体实现的。当然我们在残奥会看到的大多是机械下肢的运用。比如，膝上截肢或者膝下截肢的运动员在安装智能假肢后可以跑步、跳远，依靠机械肢体完成竞赛方面的动作。机械上肢的功能更多，可以用来完成日常生活中的一些基础动作，比如系鞋带，甚至是剪指甲。

郝景芳　在您的实验室看到过20世纪80年代的机械骨骼模型，上肢手臂的3根指头可以来回转动，还能够做精细动作，那时候的机械骨骼技术就已经这么厉害，着实令人意想不到。

季林红　现在已经发展到可以用5根手指弹钢琴了。

郝景芳　太奇妙了！机械上肢是靠什么来操作手指的运动呢？是像传说中那样，靠大脑的意识通过神经传递给假肢，还是靠肌肉的感应？

季林红　用肌电信号来控制假肢的动作。另外脑电波信号的控制现在也发展得很快。利用肌电信号的话，要经过一段时间的训练，

1510—1590 年期间绘制的有关机械手的插图 [14]

拿着灯泡的人造手 [15]

因为肌肉收缩后才会产生电，用这个信号来控制肢体的动作。

郝景芳 现在我们看到的肌电信号控制，是能够感受到肌肉的信号。神经的控制则是像电路一样控制指挥径路。

季林红 径路的话，我们的大脑皮层就有很多。举一个例子，一个人失去了双手，但他仍会产生幻肢痛，感到手指疼，但他实际上已经没有手指了。人类的大脑皮层中有一个区域，跟手指是相连的。科学研究发现，我们能把位于大拇指、食指、中指的连接点找出来，即使出现神经分叉的情况，信号也能被接收。大拇指和中指神经的信号可以连接起来。

还有一种情况，比如把控制这块肌肉的神经剪掉，再把控制对应指头的神经与这块肌肉的神经连接上，然后这个肌电信号就可以控制相应的指头了。

需“持证上岗”，机械骨骼还不够商业化。

郝景芳 国内的机械骨骼技术水平，与国外相比如何？

季林红 从科学研究的角度来讲，有相当一批优秀的科学家做着很前沿的工作，与国外的实际差别在于产业化。技术最终投放到国际市场后，到底哪些是可行的、值得大力推广的，在这个层面国内跟国外还是有点差距的。

郝景芳 机械骨骼技术的商业化程度如何？为什么我国没有像国外一样形成产业化的技术？

季林红 整体来讲，社会发展水平的制约、收入差别等因素，都有影响。

郝景芳 意思是，残障人士这个群体的购买力还未达到，所以商业模式行不通？

季林红 但是我国现在发展得非常迅速。

郝景芳 是的。

季林红 所以，我认为需要一个过程，而且机械骨骼的使用需要培训。我国的残障人士数量不算少，也有相当一批人具备相应的购买力，但市场依旧被国外的大型公司占据。

郝景芳 前两天我去牙医诊所，大夫小心翼翼地跟我说“你这颗牙齿，有可能保不住，需要重新种一颗”，我当时就乐了，心想“您把我牙都给拔了，重新种一口好牙，我才高兴”。说个大胆的

16 世纪 70 年代人们幻想的机器人[16]

想法，如果将来我老了，腰酸腿疼走不动路了，可以的话我真的会主动把自己的胳膊、腿都换了。

季林红 哈哈，我觉得这是工程界乃至生物交叉技术发展的一个目标，希望我们的肉体和我们的机械工程体能够耦合。我国的老人现在有 2 亿左右，要使他们在晚年时仍能行动自如，机械骨骼类辅助技术还是比较重要的。当然，这些辅助技术到底是高科技产物，还是实用型技术，就交给未来社会去选择、判断。

郝景芳 在国外，使人体增强的机械骨骼技术已投入实际应用了，还是仍处于实验状态？

季林红 现在基本还处于实验状态，毕竟我们人的肢体活动，是有一定自由灵敏度的，在外面加一个机械骨骼装置，装置本身会有另一个自由度。这就相当于几个连杆机构，如果机构不平行，它就变成结构了，不仅运动不连贯，整体消耗能量也很大。

郝景芳 从科幻想象的角度提个问题，电影《钢铁侠》里那种全身外骨骼装甲，目前肯定实现不了，我好奇的是它的运动性能、能量储备、供给。从专业的角度来看，您认为离真正实现还有多远？

季林红 科学技术的发展可能会超越我们的想象。现在美国已经有了类似的产物，替换头部以下的身体，被称为生物机器人。

郝景芳 所以这真的需要对神经系统本身了解得更充分，要使神经系统慢慢地控制全身，也确实需要一定程度的训练。

季林红 对，一些单项技术已经发展得很好了，但如何将其形成一个系统，是需要深入研究的。比如，通过神经连接用脑电波控制一个人驾驶汽车。20 年前，我们实现了一些简单的控制技术，用机械骨骼敲键盘、开关灯等，控制假肢、机械臂也可以做到。

2 机械骨骼如何与人“兼容”？

骨骼与肌肉驱动一体化，是未来的技术前景。

郝景芳 生物假肢的骨骼、肌肉，用的是什么材料？

季林红 目前国内用的大部分驱动还是电机或者液体压力，结构材料有金属，也有非金属，钛合金比较轻，钢铁也比较好，当然使用碳纤维也可以。

郝景芳 那生物假肢会有人造肌肉吗？

季林红 肌肉是另一种驱动方式。我们人类做出动作是依靠多个肌肉群一起协调，驱动一些肌肉群实现一个固定动作。生物假肢现在还是单个驱动，比如肘关节，只有一个电机。

郝景芳 我想到了一部美剧——《西部世界》，里面有一个乐园，所有的人都是由人工智能大脑和打印制造出来的身体组成的。它是完全仿造人体的，连每一块肌肉、每一丝神经都能复制出来。如果真有这样的技术存在，那有没有一种材料可以仿照人类，做到肌肉群收缩、舒展，进而控制整个肢体？

季林红 这是一个大胆的想象，可能材料科学的专家会去研究吧，比如AMPCO-18 机械合金，它在某种情况下可以伸缩自如，具有驱动力。这种类似于肌肉的驱动材料正在研究中，但目前还没有用在任何假肢或是外骨骼的机器人上。

郝景芳 所以现在生物假肢更接近机械骨骼的状态。

季林红 骨骼和肌肉驱动可能一体化，就是材料科学的发展。

郝景芳 那这个技术真的发展得太快了，超出我的想象。我认为，这是非常具有强烈冲击力的场景，比如一个人的衣服不小心扯破了，露出了机械骨骼手臂。这给我的感觉真的太特别了。未来机械骨骼的适用场景很可能相当广，搬运重物、需要劳力的工作是不是都可以用起来？

季林红 对。现在党中央也倡导精准扶贫。国内一些贫困落后地区的人有因病致贫或因残致贫的，我们也曾经做过调查，很多山区基本上条件都不太好，对于那些行动不便的人来说，他们的愿望就是在穿上假肢以后，还能爬山，还能挑东西干活。从这个角度来看，我们的机械骨骼还有相当大的发展空间。目前我们生产的机械假肢，还只是为城市居民设计的。

郝景芳 城市居民可能没有太多重劳力或大的运动能量需求，是脑力劳动居多吧？

季林红 是的，在城市里，可能需要穿上假肢迈几个台阶、上下楼、走个斜坡等。

郝景芳 所以目前的机械骨骼对野外作业的人来说，就不是那么“友好”。

季林红 对。所以国内将来会有一批工程师是专门为野外工作者解决问题的。毕竟我们有上千万截肢患者，相当一批人生活在贫困山区，需要依赖技术进步，也希望制造成本能降下来。

动力价值，机械骨骼的未来发展趋势。

季林红 我认为，机械骨骼未来的一个发展趋势就是动力价值。上肢都是有动力的，有电机驱动力的关节动力，但是下肢目前大部分还是无动力的。

郝景芳 用残肢带着有一定重量的假肢走路，想想都觉得累。如果真能装上电机，假肢自带发电行走功能会更好。

季林红 是的，从机器人角度来讲，如果一个人双腿大腿截肢，残端都比较短，要怎么办？这很难做，所以这类人不依靠电机基本上方是无法行走的，或者说根本用不上假肢。

郝景芳 媒体曾经报道过一位“刀锋战士”，他就是通过机械骨骼技术得以重新奔跑，而且速度还挺快的，还可以参加残奥会。现如今机械骨骼是不是更多地作用于这类人身上？

季林红 残奥会是面向公众的，大家都看得到，所以展示给观众较多的是残疾人运动员，他们也很励志。但实际上生活中的假肢要多样化得多，款式也多得多。因为他们毕竟是个体，差异性挺大。比如截肢，截的部位不一样，所用假肢可能就不一样，而且需求量也不一样。

郝景芳 是的，生活里很多残障人士觉得能动能走就很好了，跟自己原来的肢体功能性差不多就可以。但在运动会里不一样，因为选手要赢。所以残奥会上的运动员使用的机械骨骼设备会增强他们的身体机能吗？

季林红 期望是这样，但实际上可能并非如此。我觉得一些先进技术可能大多用于国防、医疗领域。体育领域实际上是一个很大的展示平台，使得很多科技在符合现有规程的情况下得以发展，有可能是未来的一个方向。

郝景芳 所以需要有拿电路模拟神经系统这样的发展，现在的假肢可能还没有这么细微的感觉、触觉系统，但假如有很细微的传感设备，电路就像神经一样覆盖在假肢上，它是不是就能像人类的手臂一样灵活？

季林红 对，这也是现如今的研究在做的。一个人感知外物，得到比如力、运动、色彩、参数、温度等物理参数，然后反馈，基于此做出决策，决策之后再给出回应，这是一个闭环。目前在控制系统方面，是可以实现这种闭环的。但问题是，要做得小巧、轻便，像人体一样灵活，难度还是挺大的。

郝景芳 所以现在有人正在做这方面的研究？

季林红 是的。

3 技术的边界感：人类会被“机器化”吗？

半人半机械，这种跟生物技术交叉有关的工程，可能会被当成一个发展目标。

郝景芳 像您说的，从拥有肉身的人类到一个半自动机械化人。研究过程中，您觉得发展的最大难点在哪里？

季林红 我认为这是一个目标。半人半机械，这种跟生物技术交叉有关的工程，可能会被当成一个发展目标。包括之前提到的生物机器人，问题只能一点点解决。目前的话，人机交互是难点之一，即通过神经连接下达指令。比如，我看到一样东西，想把它握在手里，这需要大脑下达指令，让手指精准地触碰到，看碰到后形成什么样的反应。当然这是最简单的，也是很难实现的。

郝景芳 所以，这仍需要我们更好地了解和模拟整个神经系统。

季林红 现在的机械就是一个CPU（中央处理器）加上执行，然后形成一个闭环。但是人类不一样，大脑皮层这一块是中枢神经，然后还有脊柱神经，还有条件反射，并非都是由中枢神经控制的。所以要形成这样一个庞大的系统，需要时间。

郝景芳 您觉得有生之年能看到吗?

季林红 那肯定没问题。

郝景芳 我曾实地探访过一家公司，在那里，人像电影《铁甲钢拳》中那样戴上机械臂遥控机器人。这个技术已经可以实现了。

季林红 具体是怎么操作的?

郝景芳 就是穿戴上机械臂以后，遥控连接机器人，它会模仿你做出相似的动作，特别灵敏，人机一体。像钢铁侠那样的外骨骼机械操作装置，似乎真有实现的可能，已经有一些研发机构在做

休·赫尔佩戴仿生假肢在 TED 演讲上演讲并展示[17]

这种假肢每一只上都有 3 个微处理器和 12 个传感器。微处理器就像大脑一样，它们能够控制肌肉一样的制动器，让制动器能够驱动“人造脚踝”。而传感器能够测试位置、速度、加速、压力和温度，同时能结合位置和速度。

相关的研究。您刚才也说在有生之年可以看到机械人，那真的就是科幻电影走进现实了。

国外目前在研究生物机器人，如果只有头部是“原装”的，身体被替换成机械装置，也就意味着，这个人已经“机器化”。在这种情况下他的肢体还能表达出应有的情绪反应吗？或者是一些细微动作的表达，比如人类害怕时会本能地蜷缩成一团，骄傲时会趾高气扬，和这些身体语言相关的本能反应还能做吗？

季林红 我觉得有较大难度，现在我们考虑得更多的是功能性，也就是生物机器人未来的主要功能，比如搬运物品，根据人类指令做出动作，而让身体语言的表达具有相应情感非常难。要知道，人类最复杂的就是情感。

郝景芳 如果我的大脑发出了一个指令，但是机械手臂理解错了，该怎么办呢？

季林红 我觉得未来的控制方式肯定是要分层级的。比如中枢神经做什么，脊柱神经做什么，再者本身这个部位模块化的低位神经该控制什么。这应该是未来机械骨骼的实现方式。

郝景芳 如果真的换上了机械肢体，整个人本身会发生一些变化吗？考虑到人类的心身交感，会不会替换完成后，连性格都会发生改变？

季林红 人体本身就像一台精密的仪器，非常复杂。机械骨骼技术还有很多有待深入研究的部分，其中包括对人体的反作用。美国的实验室曾有这样一个实验，让一个人用胸大肌来控制自己的假肢，这确实可行。但时间一长，大脑皮层原有位置功能发生了变化。这说明什么呢？说明我们人类的神经是有可塑性的。所以，机械骨骼和人之间的影响很可能是双向的。

郝景芳 我也这样认为。一位研究肠道菌群的朋友告诉我，如果把一个人体内的肠道菌群替换掉，他的大脑会有相应的反应，这可能会有助于治疗一些神经性疾病。

季林红 对于神经损伤患者而言，传统的康复方式大多是运动康复，通过反复运动刺激神经，使神经的控制功能加强，或者说让神经再生。

如果有一个拟人化程度非常高的仿生机器人，我们把它的机械脑袋替换成人类的大脑，那么它到底是机器人还是人类呢？

郝景芳 其实这里会涉及一个往未来看“人的边界”问题。如果一开始我只是替换受伤、缺失的身体部分，但技术成熟了，换着换着就上瘾了，甚至想为了变得更加强壮，把原有的健康肢体也替换掉，那这还是不是原来的我？或者换一个角度看，如果有一个拟人化程度非常高的仿生机器人，我们把它的机械脑袋替换成人类的大脑，那么它到底是机器人还是人类呢？

季林红 这个设想挺有意思，我们应该请一位人类学家来判断和回答。因为这已经涉及社会伦理层面了。

郝景芳 如果人类真的因此变得本领高强，应该会有一套新的行为准则、道德法律应运而生，因为大家的行为能力不一样，交互感觉也不一样了，进入一个全新的时代了。

季林红 其实这种研究的产物，追求的是一种绝对优势。无论是机器人、半机械化人，还是未来的生物机器人，从力量上来讲肯定超过肉身的人类。那它们会不会被运用到战争中，这又产生一个社会伦理问题，这么做对人类造成的影响又是什么？我觉得，将来这些都是需要研究和解决的。

郝景芳 如果是用在体育领域，比如运动赛场上，关于可以使用什么装备，不可以进行哪些操作，会有非常详细的规定。但赛场之外，就没有统一的评判标准了。用机械装置全副武装，如同每个人都成了军备竞赛的一员。

季林红 如果有人在研究机械人，那实现很可能只是时间早晚的问题。

郝景芳 想一想，我觉得怪可怕的，很多父母可能会担心，自己家孩子如果被一个身穿机械外骨骼的小孩欺负该怎么办？

季林红 不仅仅是外骨骼机器人，如果别人家的孩子非常聪明，是学霸，那么我也想变聪明该怎么办呢？往脑子里安装一个芯片，刺激我的神经，即用各种物理方法对一个人的神经加以刺激，将学霸的知识灌输到另一个人的脑子里。

郝景芳 脑机接口。

季林红 是的，像脑机接口这类外界干预、调制，如果说神经能调制地更好，将来也是有可能实现的。

郝景芳 您最近在做哪些方向的研究，能透露一点吗？

季林红 有这样几方面的研究，一方面还是养老助残的事，包括我们现在在做的残奥会项目，希望我们的残疾人运动员在 2022 年能够表现得更好，但主要是装备、训练方法的研究。我们的技术水平相对弱一点，但发展空间非常大，毕竟原来从事这方面工作的人也比较少。所以我们希望借着2022年残奥会的契机，可以做出一些振奋人心的成果。

另一方面，我们正在研究康复机器人，主要针对神经康复。刚才提到传统疗法大多以运动为主，或许可以让机器人代替人类治疗师，带着患者肢体进行运动。但后来我们发现这仅仅是一个方面，由于神经的可塑性，包括神经通道在内都有可能受损。如何更高效地刺激神经，恢复路径存在着个体差异。比如，一个人受伤以后，针对他用什么样的方式能够恢复得更好，设计出更适用的康复机器人，相当于优化治疗处方。

郝景芳　太好了，我特别期待2022年的研究成果。

季林红　压力很大，也需要我们的教练员、运动员参与研究后续的体验工作，大家一起共同努力。

郝景芳　是的，作为导师，您自己带学生，实验室也已经有了相对领先的技术，如果真的能将其产业化，也让更多人参与机械骨骼技术的领域，无论是研究水平还是实验规模都有可能扩大，其技术发展速度也会成倍增加。

季林红　一个美好愿景，希望这样真的能够推动行业发展。

11100100101110001010110111100101
100110111011110111100101100010011
0001101111001101011001010111111

第七章

人机一体

智能机器人发展至今，已经进入人机共融的发展阶段，人机共融包括人机交互、人机交流、人机一体。机器人不再是机械地服务于人类的“仆人”，而是与人类协作的“伴侣”。目前，人机共融机器人主要被应用在汽车制造、医疗和传统制造业领域，而诸如煎蛋机器人、咖啡机器人、按摩机器人，早就从科幻电影里跨入现实生活，为人类生活的舒适度和便捷度绘制出新的图景。而人工智能、大数据、5G（第五代通信技术）等新技术和机器人的融合，更让机器人的应用场景充满了触手可及的新可能。

除了这些有切实功能的应用，人机一体领域还有一种充满娱乐性的机器人应用：竞技格斗机器人，而这远远不是操作机器人打架那么简单粗暴，通过赛制的建立、社群的建立、机器人设计和制造的发展，机器人格斗完全可能成为未来的一种新型全球运动赛事。

2011 年有一部科幻动作电影《铁甲钢拳》，电影中的 2020 年，人类社会已经发生翻天覆地的变化。传统的拳击运动销声匿迹，机器人代替人类在格斗舞台上博弈，不论是参与者还是观众，都在格斗和观赏格斗的过程中获得巨大的满足感。拳击游戏暴力的那一面被机器人的应用化解，人机一体技术的高度发展也允许机器人像真人一样具有格斗表现力。不只是《铁甲钢拳》里有在擂台上打架的机甲，更早出现的一批动画作品（如《高达》《机动警察》《新世纪福音战士》）里的“机动战士”，早就塑造了几代人对人机一体技术的想象：机器人的应用允许一个瘦弱的人不再受限于自身的生理力量，机器人设备的设计和装备拓宽了我们对力量的想象，而人类的战略思维能力又让我们的身体在控制机器人的过程中依旧充满应用人类智力的快感。

格斗机器人已经不是二次元世界里的热血想象，也早已不再是停留在科幻大片里的CG（计算机动画）特效画面。在这一章里，我们考察格斗机器人行业的前沿趋势，并亲自操作格斗机器人。当你把传感器穿戴在身上时，人体的姿态和空间位置被瞬时计算和标记，你操作的机器人每一个上肢动作和身体的旋转方式几乎和你同步——科幻电影里的经典镜头成为现实。

而这是如何做到的呢？操作机器人的方式有哪些？格斗机器人什么时候会成为一种家喻户晓的玩具呢？什么样的机器人操作专家能成为格斗赛场上的最终优胜者呢？我可以拥有独一无二的定制机器人吗？

“格斗机器人会成为21世纪的一种新的竞技运动。”

郝景芳

招俊健

智能竞技机器人开发者

1 替我打架的机器人

我做什么它就做什么。

郝景芳 桌上这个机甲乍一看像一个玩具机器人，像一个模型，你可以给我们介绍一下它的功能和实力吗？

招俊健 桌子上的这一款，名字叫作GANKER EX［Gangbang Killer的缩写，指威力很大的英雄；EX指fate系列游戏和小说中等级数值的划分，意为“extreme”（极限），代表最强］。体感格斗机器人，顾名思义，它是使用体感姿态同步技术控制的一款产品。

郝景芳 听起来就是《铁甲钢拳》电影的现实版。刚才我拿着操控设备一动，这个小机器人就跟着我动，非常酷。你为什么会想到做这样一个产品呢？

招俊健 其实非常简单，就是因为热爱。《铁甲钢拳》可能还是出现时间比较靠后一点的影视作品，在很早之前，特别是我小时候，我玩过很多机甲小玩具，然后看电影、看动画片，印象很深的有《高达》《机动警察》《新世纪福音战士》里面的机动战士的形象。

郝景芳 这些动漫作品真的对我们产生了很大影响，长大后还有人把爱好转变为真正的事业！那么桌上这个机器人，真的能够像动画片里面那样，人做什么样的动作，它就做什么样的动作吗？

招俊健 没错，其实这个技术的学名叫姿态同步。就像你刚才看到的演示那样，有两种姿态同步技术可以对机器人进行肢体语言控制。第一种叫作人偶体感控制器，它的使用人群比较广泛，不管是男生、女生，还是大人、小孩都可以操作，比较容易上手。第二种叫作运动体感控制器，会比较复杂一点，需要穿戴在身上，对穿戴者肢体的空间位置进行捕捉，捕捉完之后形成解耦算法[①]。解耦算法在系统中运算，最后反映到机器人的身体里进行表达。实际上两种系统有同一个目的，就是让人的肢体语言更形象化、

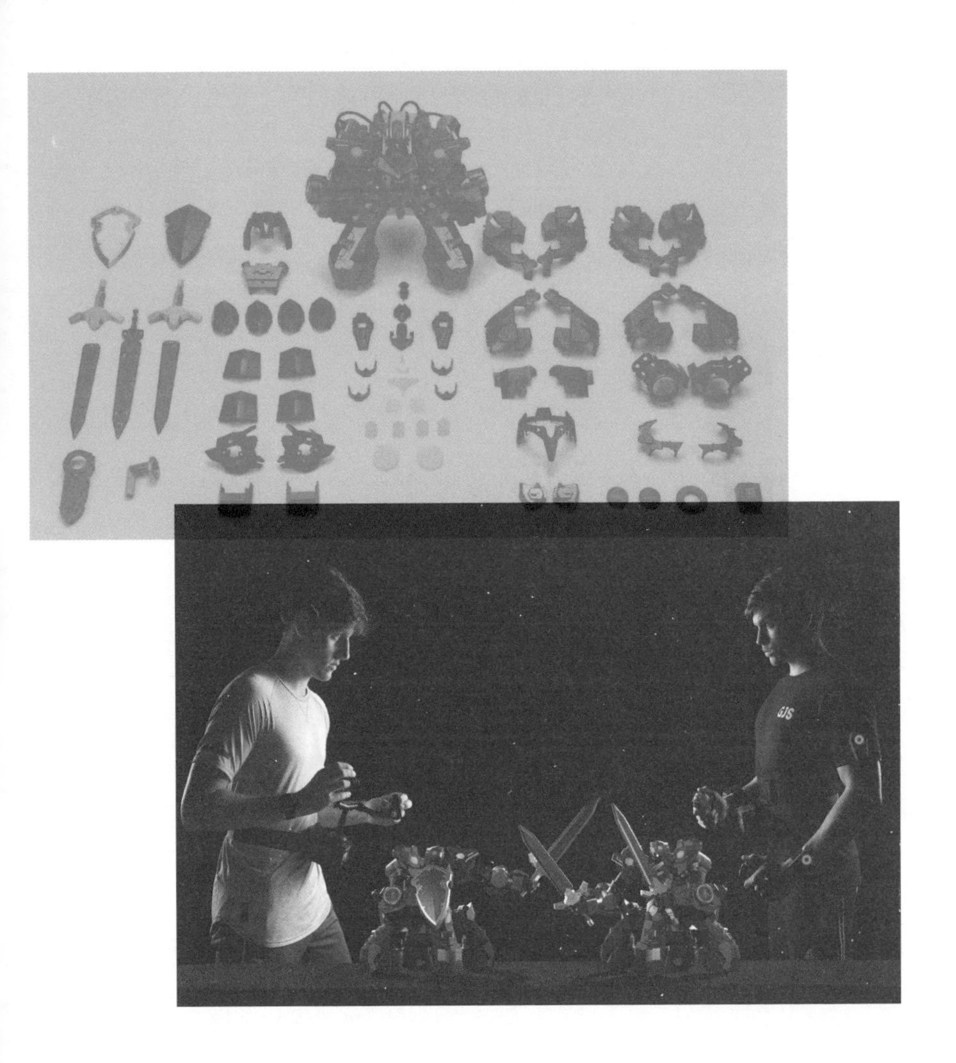

（上）格斗机器人的机械美学

（下）两种体感操控方式：人偶体感操控（左）与运动体感操控（右）

更直观一点，在机器人的运动系统上快速表达。

郝景芳 我操控机器人的时候拿了一把大锤子，抡起来的时候，我感觉挺爽的，就像我自己在抡锤子一样。在操控机甲的时候，可能真的会有一种代入感。这种体验真的很好，非常流畅又快速。这是怎么做到的？

招俊健 没错，这就是一种直接的表达，所以机器人驾驶员的代入感会比较强。实际上这里涉及一个“硬件的极限理论”。因为机器人是一个消费硬件，需要量产，需要大规模使用，所以在极限理论里面，我们的机器人能够达到 20~40 毫秒的姿态同步状态。在这种状态下，它的表达力能让人感觉非常流畅，肉眼也很难区分，所以这也成了它的指标技术。同时，它能够在大众接受的成本范围内被商品化，我觉得这也很重要。

郝景芳 我真的挺愿意把它买回家，每天在家里面玩的。信号是我自己身上的设备通过连接 WiFi（行动热点）、蓝牙的方式传输到它身上的吗？

招俊健 对，它是一种点对点的 5G WiFi 信号，这样能使它的通讯、流畅度、控制延时等达到最佳值。实际上，从开发工程的角度讲，最重要的就是两件事，一是驱动硬件工程，一是算法工程。

其中算法工程的难度非常大，或许应该说它是一个需要很长时间的积累，然后一步一步突破，最后得到一个最佳值的过程，需要不断进行完善。

郝景芳 这样的机甲以后能做很多事情，而我非常好奇的就是，它的这种身体协调是怎么做到的？人想让自己做到肢体协调其实是挺难的，很多成年人的肢体都不太协调。而且说实话，我原来学物理的时候就了解到，要让这种机械的装备达到一定的协调性有多么困难。一个特别好的例子是，国外曾经有好多机器人专家邀请各种专业机构的机器人参赛完成任务（比如DARPA机器人挑战赛），任务步骤包括走完指定路径、进入一间屋子等，其中有一项我们人类认为非常简单的任务：拧开门把手。在实际的机器人比赛中，很多机器人一拧门把手自己就倒了。机械的构造是很难实现复杂的扭矩的，目前的技术做不到让它们像人的肢体这么灵活。但是今天我面前的这些小机器人，在做各种各样的扭转时身体的动作都很协调，你们在这些方面是怎么做到的？

招俊健 还是两个字——积累。另外，大、中、小型机器人的运动系统使用的技术范畴实际上不太相同。你现在操作的机器人的体感同步系统实际上属于在微小型层面来实现这件事情的难度。所以在调节性方面，它跟大型的、巨型的还有小型的机器人，实际上是完全不同的，但是目的是一样的，即要基本达到表达力为

机器人在DARPA机器人挑战赛里模拟搜救场景打开房门[18]

这是 2012 年 10 月启动的机器人挑战赛，起因是 2011 年的福岛核事故，由于海啸冲毁了核电站，污染了附近水域，救援人员难以实施援救，救援型机器人的重要性因此不言而喻。DARPA 机器人挑战赛应运而生，比赛现场模拟灾难后的现场环境，机器人需要在指定场景下完成 8 项任务。

图片版权 © 2021 MIT Technology Review

1∶1的状态，就是操作机器人的人类肢体动作可以直接“翻译”到机器人身上。

你问的其实是另一件事情，即运动系统。这首先是一个产品定位问题，其次才是在定位下快速表达的问题。你会发现有些机器人不是双足系统，所以就不存在横向和倾斜的问题。那为什么它们不采用这样的系统？当然跟它们的商业定位有关系。而在商业定位上如何让机器人的设计制作达到最佳值，才是开发过程的工程难度。最后生产出来的产品就是刚才的体验效果，那就是商品化表达。

郝景芳　其实我觉得机器人根本没必要模拟人，不用局限在双足系统，以后三头六臂都可以，每个方向都能看，六个胳膊有不同的操作，那可能才是更有用的机器人。

招俊健　没错，但作为一款竞技格斗机器人，它有它的独特需求，因此它的运动、速度、回旋、横移都要达到一定的标准，最后得到眼前这个产品。实际上整个优化和决策过程是一种我们称之为公式的最优解思路，这里面也要算上它的经济成本，以此达到公式的最优解。

郝景芳　在做机器人产品的过程中，是不是从最开始的第一代机器人到第二代、第三代、第N代，还是有蛮多技术上的革新的？

招俊健 机器人的升级更迭一般集中在操作系统、运动结构、计算单元这三个方面。比如一开始是App（应用程序）操作，一直发展到姿态同步，这是在操作系统方面的发展；另外还涉及视觉单元的优化升级，机器人的视觉单元可以实现自己锁定目标。这有点像战斗机追逐另一架战斗机，追上，然后锁定它。而且这也是边缘计算[2]实践的一种新功能，它就在本地完成锁定解算，不需要转一个云端或者说计算其他的计算单元。

所以我们可以预想到未来机器人配置的某个炮台，不需要我们控制它的双手竞技。也就是说，它肩膀上的炮台不需要有人控制，它自己就可以"咚咚咚"地锁定对方，直接开打。

科幻电影里的竞技格斗比赛

郝景芳 说到格斗，这些格斗机器人参加过格斗比赛吗？

招俊健 其实过去根本就没有非常正式的竞技格斗机器人，遑论《铁甲钢拳》里那样的世界性比赛。这种世界性比赛的起源在哪里？一定是有人或者有企业发明了这套系统和框架，同时制定了格斗机器人的标准。这个标准出来之后再发展成一项世界性运动。

当然这个发展过程要很久，过程中涉及俱乐部、玩家社区、DIY、装备制作，只有格斗机器人的应用更加广泛，这样逐步发展下去才会变成普及性运动，一种使用姿态同步机器人进行的运动。

那样就会有人参与，而那样的赛事才是格斗机器人可以实现最大经济价值的地方。

郝景芳 格斗机器人的市场是不是还在萌芽阶段？

招俊健 这个市场是“蓝海”，要重新开荒，必须开发出一个竞技格斗机器人的技术标准，再搭建一个竞技格斗机器人的运动标准。这个过程就相当于发明了一个篮球，然后有了街头篮球、有了NBA（美国职业篮球联赛），形成联盟。实际上100年前发明篮球的人也不知道，篮球打到今天会变成这样的生态。我希望格斗机器人会在21世纪成为一种新的竞技运动。

有些电子游戏，比如王者荣耀，它其实就是一种新技术带来的新的人类竞技方式，它跟打乒乓球或者玩象棋、打篮球、爬山、游泳、跑步一样，是不同的技术时代的一种表现。所以我们认为竞技格斗机器人所代表的实际上是未来技术带来的未来运动方式，所以它自然会有不同的赛规、赛制。

我相信5年、10年后重新看这件事情的时候，它只是一个技术标准。到了那个时候，说不定什么三头六臂的机器人都出现了，格斗机器人就形成一个生态系统了。

郝景芳 我还是很期待格斗机器人的推广、广泛应用的，因为我真的觉得蛮好玩的。刚才你也提到了大、中、小型机器人，如

（上）王者荣耀 IP 开发的格斗机器人

（下）视觉单元升级后的竞技机器人

果把机器人的体积做到像人这么大，或者让下一代玩《铁甲钢拳》里那么大的机器人，哪个更难，有哪些困难？

招俊健 从表现算法、计算单元、传感器再到驱动硬件，大小不同，难度不同，并不是越大越难。有些东西是反过来的，驱动部件的精密输出和高性能输出以及计算单元过小，使得它的算法难以承载，实际上是越小越难。

如果体积足够大，计算单元可以放一台超级电脑进去。这个时候计算不需要处理边缘计算，实际上有很多计算就远远地解，然后驱动部件即可。如果我们真的把机器人做得很大型，那么驱动部件完全可以采用比较成熟的部件来实现输出。

为什么不做大型机器人，这是个商业问题。因为只有每个人都能参与，它将来才可能变成一种联结的东西。

郝景芳 现在格斗机器人的受众群体大概是什么样的？

招俊健 是这样的，它有两个群体。一个是成年人群体，这部分应该叫作核心爱好者，年龄在17~35岁，他们身上有一些标签，比方说二次元、科幻、游戏、竞技运动。所以B站（哔哩哔哩弹幕网）有很多用户都很符合这些标签，会很喜欢这类产品。另一个是年纪稍微小一点的低年龄群体，在4~14岁，对他们来说这是一个被动接受的过程。在早期的时候，这两个群体中大部分都是男性，但是低年龄群体里反而是男女都有，基本上能够达到 7∶3。我认为这只是目前的一种状态。

郝景芳 机甲可以有个性表达吗？

招俊健 你会发现，在格斗机器人标准骨架和标准技术的基础上，它的颜色部分或者是否拿着武器装备是一个自定义的过程。就好比你现在去参加一场跑车大赛，车身本身并不是由基础的技术联盟实现的。所以在自定义的过程中，有一些玩家选择了自己喜欢的颜色。

我们公司今年在国内 8 个城市、全球 13 个国家打了比赛。广州赛的冠军是个女生，她是广州城市站的单人赛冠军。神奇的是，她在基础机甲上改装了一个盔甲，装了两只猫耳朵饰物，让机甲拿着两只猫爪武器。她可能从小就喜欢玩小赛车之类的，那种空间感上的优势使她非常适合参加这种比赛。年轻人对DIY的需求很明显，我们作为厂家本身也会推出一些配件，让大家拥有个性化选择。

郝景芳 其实我还挺相信这个产品以后会有蛮多女生喜欢，我准备今年年会给我们团队买两个，然后我们就可以在办公室里面玩起来了。这绝对是最好的年终奖，哈哈。尤其是那些压力比较大的互联网企业员工，下班前玩两局真的挺好的，身体也能

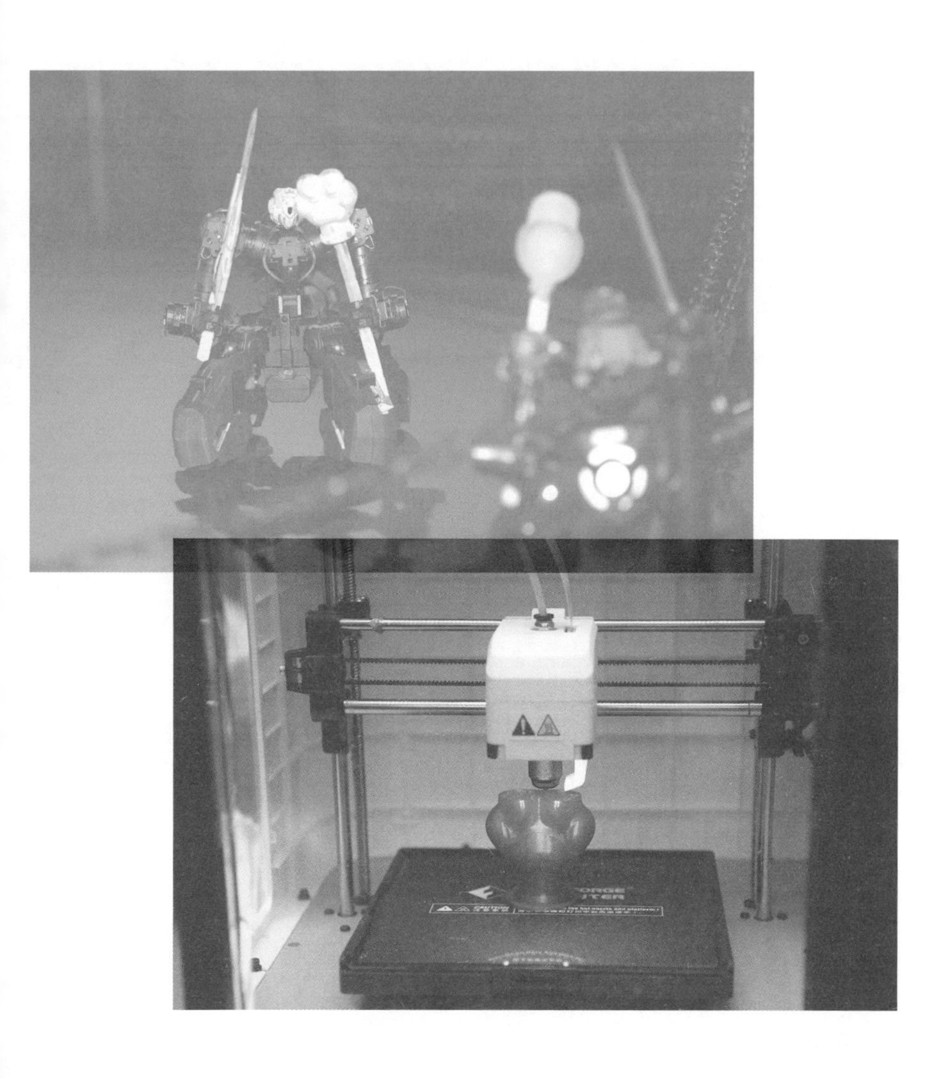

（上）拿着粉色猫爪的DIY格斗机器人

（下）竞技现场的 3D打印机供玩家DIY机甲武器

运动起来。

代入感Max是这样发生的

郝景芳 对了，我了解到一些新型格斗机器人会有一些东西是套在玩家胳膊上的，那样打起来就更加爽了，代入感更强，是不是？

招俊健 那种是比较专业的姿态同步系统。它的学习成本比较高，穿戴难度也比较大。要想准确控制，操作技巧的学习时间就会较长，但最终的效果是一样的，就是人怎么动，机器人怎么动。

针对这种差异，肯定需要设计不同的赛制，比如要求比赛参加者使用不同的姿态同步系统。可能在比赛早期直接使用人偶姿态同步系统，然后到了半决赛、总决赛阶段，要求参与者采用穿戴式运动姿态系统，因为穿戴式是一个更公平、更对等的状态。穿戴式姿态同步系统会读取身体、肢体的瞬间空间位置，并且瞬间解读参赛者的肢体变化。

郝景芳 听起来还挺难的。

招俊健 它是一个长期开发的过程，包括运动、计算、装备，并且控制又分为两个技能树，所以有很多子系统。每个子系统需要

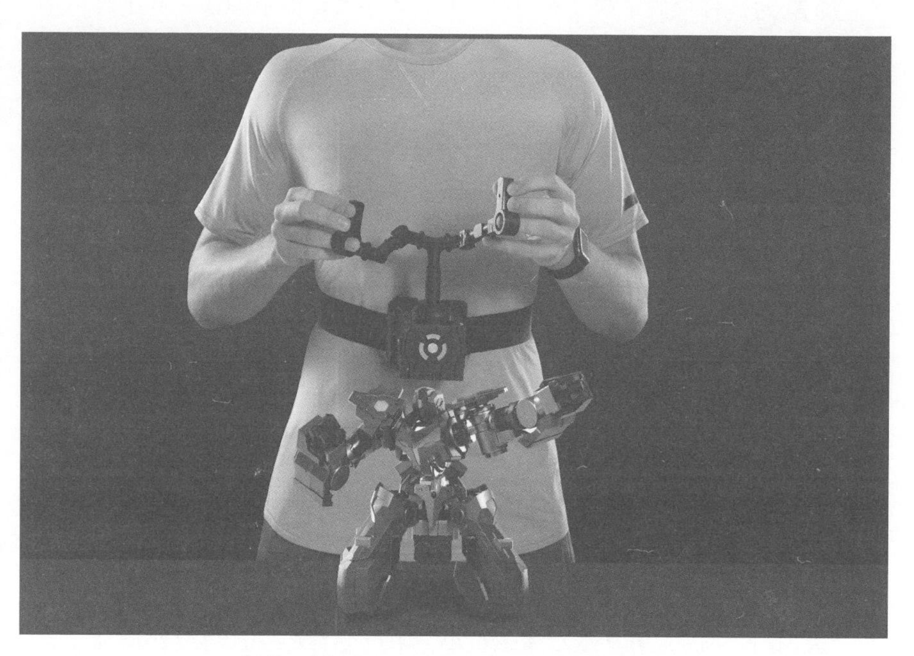

“人机一体”的机器人操控方式，动作可达毫秒级同步

的开发时间都不太一样。姿态解算，也就是运动体感解算应该是我们投入时间最多的一个子系统，它是一个边缘计算问题。

郝景芳 你提到了很多次边缘计算，可不可以简单解释一下什么是边缘计算？

招俊健 我举个例子，这样会更加浅显一点。比方说我们生活里比较常见的人脸识别类监控设备，现在的交通系统或警察在抓犯人的过程中都使用了这类设备。这类设备是连着超计算单元或者云端计算单元的，以此进行人脸捕捉、汽车车牌捕捉、车身捕捉。形状大小、身体高度、是男是女，都可以被捕捉到，它的计算能力不在本地，在云端或者是有线、无线连接超级计算机，我们称之为不在嵌入式。这种情况就不需要采用边缘计算进行很复杂的解算过程。

但是如果是一架无人机飞在空中，一般情况下它是不可能持续连接网络的，毕竟本身体积很小，不可能背着一台超级计算机飞，但是它仍然需要处理复杂的飞行控制问题，或者躲避迎面而来的东西。瞬间计算这样一个浮点运算问题时，就要用边缘计算来解决了。因此像不断发展的GPU（图形处理器），或者这种边缘计算的嵌入式系统相关的人才非常重要。

说到小设备，其实这个就是小型机器人，包括无人机，包括格斗机器人，包括潜水的那种，它们时常都是在断网状态下工作的，甚至有去极地工作的。比方说，我们现在往极地派一些探索型机器人，不可能依赖超级计算机帮忙解算复杂问题，那么就需要采用边缘计算。

郝景芳 听你讲这个，我真的觉得蛮神奇的，你原先是学艺术的，讲起这些技术名词却头头是道，大概这就是热爱的力量吧！

招俊健 我觉得热爱很重要，热爱太重要了。

2 造机器人的人

不想做机器人的产品经理不是好艺术家。

招俊健 我差不多是九年前大学毕业，当时我读的是艺术专业。

郝景芳 完美的跨界。

招俊健 当时我特别喜欢幻想，最直接的形式就是画出来，所以学了很多美术方面的表达技巧，读书的时候主要也是学这方面，包括一些影视的表现技巧。但是毕业后就没干艺术这行，直接去了游戏策划公司，然后又去智能家居公司做产品经理，后来自己做软硬件开发的外包公司时也是产品经理。所以我在产品经理这个岗位上已经有 9 年时间了。我了解到，很多同行的产品经理，学科背景还是比较多样的，有些是学美术出身，有些是学工业结构出身，有些是学计算机、自动化的。

郝景芳 不管是IT（互联网技术）产品经理还是其他产品经理，其实做产品经理都要求有非常综合的能力。一方面是你刚才提到的，要了解这个东西商业化的前景，考虑成本、开发周期、生产、销售等。另一方面是真的得懂软件、硬件，得知道到底是哪些技术能够用来帮助自己让这个产品成真。产品经理真的是一个综合性很高的岗位，那你是自学所有相关领域的东西的吗？

招俊健 毕竟工作了 9 年，不学也不可能。特别是在创业之前做智能家居、游戏方面的工作时，我学习软件、硬件的时间会更长一点。但时代不一样了，这是我现在最大的感受。2011—2013 年以及 2015—2018 年，两段不同的时间里，我接触的行业学科知识，甚至是人，都完全不一样。

比方说边缘计算或者机器学习，这两个工具实际上是一种工具。2011—2013 年我觉得这方面是比较空白的，在行业里学不了，在当时的工作状态下也学不了。

后来可能是无人驾驶或者一些更深入的地方产生了很多这样的岗位，学校也面向这样的学科进行专业拉升，才逐步把这些问题解决了。否则，比方说刚才的解耦算法，这种边缘计算问题就根本解决不了。放在 2013 年、2014 年，这个行业没有存在的基础。

郝景芳 这几年真的是发展得很快，所以说现在学校里面一些新的学科设置，还是蛮跟得上时代的发展潮流的。

招俊健 我觉得中国在这方面相当强大，足以面对竞争。

郝景芳 其实未来这个技术的发展是非常快的，无论是算法还是软硬件，还有机械等。如果是现在的小孩子，你会建议他们学哪些必要的东西呢？

招俊健 这一代小孩子的经历和我完全不一样，他们在学校里就开始使用一些简单拼装的模块进行学习。在线编程课程也很多，这样他们面对的就是一个新媒体时代。所以相较于 80 后、90 后，他们的学习工具其实已经完全不同。

我认为，第一点还是要培养他们自己的倾向。比如，他是做艺术的，还是做技术的，还是其他什么方向的，我觉得首要的是天赋和热爱。多看动画片，多看科幻电影，我觉得这也算是无限支持中国的科幻电影产业。

郝景芳 你们这个行业里，目前是不是女性相对少一点，大部分工程师都是男性？

招俊健 对，我们的工程师团队确实大比例是男性。当然这个状态在改变。我们需要更多平等的机会让小孩接触这些知识，培养兴趣。我认为越往后女性参与的比例实际上是越来越高的，西方社会应该已经发生了这种转变。

怎么造出性价比高的机器人?

郝景芳 现在市场上的格斗机器人已经实现量产了，是不是？核心零部件都是自主研发，自己生产的？

招俊健 首先自主研发就不用多说了，你根本不可能在一个新的品类里找到什么供应商，这不是手机行业，所以它无所谓供应商。

从我们公司的整个结构来看，基本上就是由原创技术的负责人来支撑，才会有原创的东西让大家看到，其次就是工程标准团队。这个结构代表了不要让产品停留在DEMO（示范）上，要变成一个商品，那么流程就要覆盖工程到生产。

最终我们看到今天这个产品上市了，在国内和在海外的部分渠道都可以以一个基本能接受的价格直接购买。

郝景芳 反正随着技术的发展，批量生产之后，它的成本应该可以进一步降低吧？

招俊健 我反而不是这样看，互联网行业有一个“摩尔定律”，就是主要部件的生产成本不断下降，部件上的密集程度却不断上升，产品性能也不断提高。但是在硬件行业，或者说机械行业，抑或是一些涉及实体领域的行业，中国的情况是反摩尔定律的。

什么意思呢？就是成本不可能因为量级上升而突然间呈倍数级下降。倍数级下降不存在，为什么？因为工程这么贵，供应商越来越先进，那他们期待的收入是不是越高？

郝景芳 所以其实这里面主要的成本是人力成本？

招俊健 研发成本主要就是指工程师，对吧？然后零部件生产过程中量变大一些，成本下降一点是有的，百分之十几二十吧。但是要成倍成倍地下降，我认为这种情况是不会发生的，而且好像也没有发生过。其他行业（比如服务机器人行业）其实发生过，工业机器人行业没怎么发生过。

3 机器人的未来

我们需要什么样的机器人？

郝景芳 你刚才说到了服务机器人和工业机器人，我们可以畅想一下，未来这些机器人都这么先进，我们会不会真的进入一个满街都是机器人的时代？就像我们在电影里看到的一样，生活的方方面面都由机器人来帮我们完成。

招俊健 我相信这是由不同公司的商业定位决定的。机器人其实只是一个技术集成名词，它是一种技术，像互联网一样。看你用它做在线教育还是社交，是这种问题。对于我们而言，我们希望在未来世界产生一种新的运动方式，格斗机器人会成为这样一种运动设备。实际上，将来完全有可能有别的公司会设计、制造咖啡机器人，或者完成人物拍摄、测绘等工作的机器人，各种各样的机器人都可能存在，我相信那是公司的商业定位带来的结果。

郝景芳 所以，就整个世界而言，当机器人的技术到比较先进的程度后，想干什么都能干什么，就看有没有那么多公司了。你们公司的主要定位是竞技、格斗，其实更多的是将人类的竞技欲望以一种科技的方式表现出来，还是很值得期待的。

我们真的能想到，这以后可能会成为一个奥运会比赛项目，然后各个级别、各种各样的竞技格斗都有可能出现，说不准到时候机甲格斗成了一个职业。等现在的小朋友长大之后，这或许是他们的一个职业路径。就像一个人虽然在金融公司工作，但是也可以把打篮球发展为自己的一个职业。

招俊健 虽然我们公司目前的格斗机器人更多的是服务于用户，提供一定的娱乐性体验，但实际上我们很期待它将来走运动路线，哪怕有些人不拿它参赛，作为有兴趣的观众也可以。

郝景芳 科技变成运动其实有一个很大的想象空间，这实际上是把我们人类从古至今未曾消失的竞争性变得更加科学、更加有益。

其实它既是技术滚动式的上升发展，也可以让我们拥有一种更爽的格斗体验，而且不伤人。真要让我看拳击比赛，我完全不想看那种拳手被打得血肉模糊的比赛。但是看电影《阿丽塔：战斗天使》时，我觉得它已经把暴力美学发展到极致了，我可以从头到尾看下去，这就是让机器代替我们格斗的例子。

招俊健 没错，它与真人运动有好几个不同点。

首先，机器人的体感竞技格斗展现了竞技对抗运动的过程，但是不伤害人类肉体，这是它最大的特点。很多以前对竞技格斗运动暴力的顾虑，在被翻译成这种形式的时候就不复存在了，它不仅具有观赏性，又健康。其次，体感格斗机器人完全依赖对抗性技巧。一个成年人和一个小孩子，在真人竞技运动（比如拳击、武术格斗）中，是不对等的。但是，依托体感格斗机器人的替身系统，一个成年人完全可以和一个小孩同台竞技，甚至可能被一个小孩打败，因为机器人跟人类的肌肉语言和肌肉水平完全不需要对等。最后，体感格斗机器人竞技分输赢的机制，完全不依赖肌肉，而是操作技巧、熟悉程度，以及对机器人的改造。现在的真人竞技对抗运动，无法对人体进行改造，对抗者只能通过锻炼提高。相较之下，格斗机器人是硬件，是科学技术，所以它可以让选手对机体、武器、代码进行改造升级，以此实现技巧跟技术的高低之分。基于这三点，格斗机器人更容易吸引群众的参与和支持，然后就有可能成为一种具有新标准的竞技运动。

（上）竞技机器人足球赛

（下）玩家操纵机器人参加比赛

郝景芳　我真的蛮期待的，因为很多时候人在日常工作中如果没有通过这种竞技发泄一下的话，是非常难受的。《搏击俱乐部》这部电影讲述了一位白天很压抑的推销员，到了夜晚以后他必须打沙袋，然后进入另一个人格。格斗游戏可以是使人身心舒畅的一种方式。

格斗机器人的应用场景

郝景芳　我前两天去了另一家公司，他们是做脑机接口研究的，在那里你就可以戴上脑电帽，通过脑袋上的那些脑电极，使用自己大脑的意识信号操控一辆小坦克车前进或后退。那我直接戴一个脑电帽，只要想一想，这个机甲就开始运作，与这样的技术结合起来以后也是有可能的吗？

招俊健　非常有可能。但是据我们了解，目前这个阶段脑机接口要完成相对复杂的信号传输，可能需要一个过程。等到脑机接口的技术相对成熟的时候，我们会合作打造某个部件。

郝景芳　很多受了伤的运动员，其实也很想重返赛场，他们不能去赛场的时候，可以通过大脑控制机器人打完一场比赛。如果两种技术并用一定会很酷。

所以你知道脑机接口加上你们的机甲技术等于什么吗？就等

于《阿凡达》！男主角一个人躺在睡眠舱里面，然后通过脑机接口技术让他的替身完成所有的事情，包括替他谈恋爱。

招俊健 对，但是要完全实现身体语言和机器同步，我觉得时间要相对久一点，但是实现跟踪、追踪会很快。

郝景芳 我现在真的觉得就是科幻照进现实，科幻电影里面的那些技术其实在现实生活中都有人在研究，也取得了很多进展。还有另一部我不得不提的机甲电影，《环太平洋》。什么时候我们能够真的像那样站在机甲里面操控机甲呢？那个时候的体验是不是会更爽一点？

招俊健 对，大体上讲，其实那就是对抗设备的大小本身。你会发现，你刚才体验的那个，从瞬间反应的角度来看已经达到那种状态了，只是身体大小的问题。这就是经济因素发挥作用的过程，是一个商业的过程。

郝景芳 其实我觉得未来这方面会有一个很大的应用场景，就是如果真的两国交战，那么肯定要发展一些大机甲，或破坏力很强的机器人。一个人在楼上操控一个大机甲，把对面的楼给弄塌了，其实是有这种可能的，是不是？

招俊健 从技术发展的角度来看，肯定是有可能的。只是我觉得这是会不会这么做，需不需要这么做的问题。怎么说呢，和平时代的科技公司肯定会着眼于和平应用。

人机共生时代的挑战

郝景芳 我真的能够想象到未来，我们不仅仅多了一项游戏，而且好像真的进入了一个可以人机共生的时代。当然，未来社会需要有更多的监管者来监管技术滥用的问题，但是不管怎么说，技术也已经达到可以让我们的机器人实现很多功能的水平。

几十年前，人们说到机器人的时候，它还是一个完全存在于电影里的事物。二三十年前机器人还不可能在生活中做到这么多事，让机器人完成一两个动作都是蛮难的，人们还在畅想。你们公司选择了格斗机器人的赛道，但是其实我们可以预见会有更多的公司做各种各样的机器人。那么人类可能真的到了一个和机器人携手共进的时代了。

其实这样一个时代，不仅有很多特别积极的方面，也有风险，比如机器人会做出哪些事情，技术会不会被滥用，或者将来机器人会不会成为对抗人类的一种力量。从一个从业者的角度来看，对于未来的监管以及机器人伦理规范，你有一些什么样的想法？

招俊健 在算法层面，强人工智能的出现可能还比较遥远。如果是弱人工智能，那基本上就是在进行路线规划、视觉识别，解决一些相对复杂的问题，完成一个一个任务而已。比如完成快递任务，这不会有什么危险，顶多就是物品会不会被盗或者被损坏，又或者爆炸之类的。

再远一点，机器人会不会成为战争机器，会不会有人远程操控它，完成一些造成伤害的任务？首先，我认为这么复杂的设备是比较难随便开到街上的，一定是由专业机构运营的，这种机构一定是安全机构。其次，它反而会有一些健康且安全的应用，比如用它来拆炸弹。拆弹机器人一直都有，但是使用了我们这样的系统，可能会更容易拆一点。这种系统是符合国家安全应用的。我们公司也会提供给一些机构使用，或者说与他们建立商业合作。

我们很难想象一个犯罪分子或者机构工作人员自己抱走机器人去作恶，因为这种系统是非常复杂的系统，是很难脱离机构本身的监管的。比如控制与通讯电路肯定是由公司管理的，安全机构也要管理，所以这种危险局面不太可能出现。哪怕是什么故意写进去的脚本病毒，通常也出不了电子围栏，一出去直接就挂机。

郝景芳　在未来我们有“擎天柱”这些真正能够保护人类的机器人在危险的时候帮助我们。

招俊健　这种机器人应该占了大多数，我觉得基本上都控制在一些机构，尤其是安全机构手上。

机器人竞技赛项决赛现场，选手们使用运动体感设备操控机器人竞技

文中相关注释：

① 解耦算法，多变量系统的回路之间存在着耦合，为了获得满意的控制效果，必须对多变量系统实行解耦控制。对于绝大多数的多变量系统，将多变量系统解耦为单变量系统来控制是一种较好的解决办法。解耦算法就是通过校正输出、输入之间的关系，减弱甚至消除这种关联，从而使系统变成多个单输入、单输出系统的算法。

② 边缘计算，是指在靠近物或数据源头的一侧，采用网络、计算、存储、应用核心能力为一体的开放平台，就近提供最近端服务。其应用程序在边缘侧发起，产生更快的网络服务响应，满足行业在实时业务、应用智能、安全与隐私保护等方面的基本需求。

111001001011100010101101111100101
1001101110111101111001011000010011
0001101111001101011001010111111

第八章

细胞治疗

首先要承认，细胞治疗，是我很感兴趣的一个话题。

乍一听，可能有些雾里看花。这个词的官方释义是，利用患者自体或异体的成体细胞，主要是干细胞，对组织、器官进行修复的治疗方法，广泛用于骨髓移植、晚期恶性疾病等。坦白说，就是拿细胞当药使。听上去有些不可思议，但它包含的是每个人都会关心的问题。

首先，大概每个女孩子都会好奇美容养颜这类知识，所谓永葆青春的密码，实则是干细胞在起作用。其次，我们每个人都会关心健康、疾病治疗，在这个“内卷”如此严重的时代，拥有一副好身体才是最大的福祉。最后，关于生老病死、长寿秘诀。熟悉我的朋友都知道，我的生物钟苛刻到不似人类，倒更像人工智能。哪怕只睡 4 个小时，我也能活力满满一整日。

作为分子医疗领域的优秀青年学者，北京大学未来技术学院教授汪阳明博士，多年来专注于干细胞的基础分子机制，特别是与核糖核酸（即RNA，这一年风靡世界的mRNA疫苗也是RNA分子）相关的机制研究。他对细胞治疗技术深入浅出的分析与形容，也让我在与他的一番探讨中，找到了自己这副身体的“处世哲学”。

这项技术听上去非常复杂，却十分“接地气”，与每个人息息相关，我想你可能跟我一样对它充满好奇。

“细胞治疗是涉及一个人生命的事情，必须严肃对待。”

郝景芳

汪阳明

北京大学未来技术学院教授

1 细胞治疗的两大“法宝”

细胞治疗不只有疗愈功能，还有替代作用。

郝景芳 什么是细胞治疗，它的基本原理到底是怎样的？

汪阳明 细胞治疗，顾名思义，一个是细胞，另一个是治疗。这里说的细胞治疗和我们过去所经历的所有治疗手段是不一样的。它是活的东西，意思就是一种用活的细胞治疗疾病的方法。什么样的活细胞呢？比如从人体取得的活细胞，甚至是从别的动物身上取得的活细胞，都可以作为细胞治疗的材料。

那是不是采集完细胞后就能直接使用呢？当然不是。这些细胞会经过一些改造，比如基因编辑改造，改造之后再输回人体里去治疗疾病，整个过程叫作细胞治疗。

郝景芳 细胞治疗都有哪些用途呢？

汪阳明 最常见的是治疗白血病，比如把骨髓里的血液干细胞拿出来，再输回人体，以此达到治疗效果。再比如对一些癌症的治疗，不是依赖细胞的替代作用，而是其杀伤作用。比如CAR-T疗法[1]，它可以自己寻找癌细胞，然后把癌细胞杀死，以此治疗癌症。至少在一些特定的白血病治疗上，细胞治疗可以达到70%~90%的有效率，这已经非常高了。

此外，可以想象一下，除了治愈重大疾病，细胞治疗还有什么用途？

我觉得，一方面是替代作用。比如，阿尔茨海默病是因为神经出了问题，那么干细胞是不是可以生成神经元细胞代替原有的？这可以通过培养一些可分化成特定神经元的神经干细胞来解决。另一方面就是杀伤作用。怎样激活体内的T细胞？可以让细胞提供一些营养因子。很多间充质干细胞疗法，实际上提供的是一些营养因子，让体内的细胞更好地存活，更好地增殖，以此治疗相关的疾病。所以细胞治疗包括很多方面，是不同层次的。

郝景芳 我大概听懂了，拿细胞当药使用，把一些有治疗作用的细胞注入身体，让它们像药物一样发挥作用。我好奇的是，为什

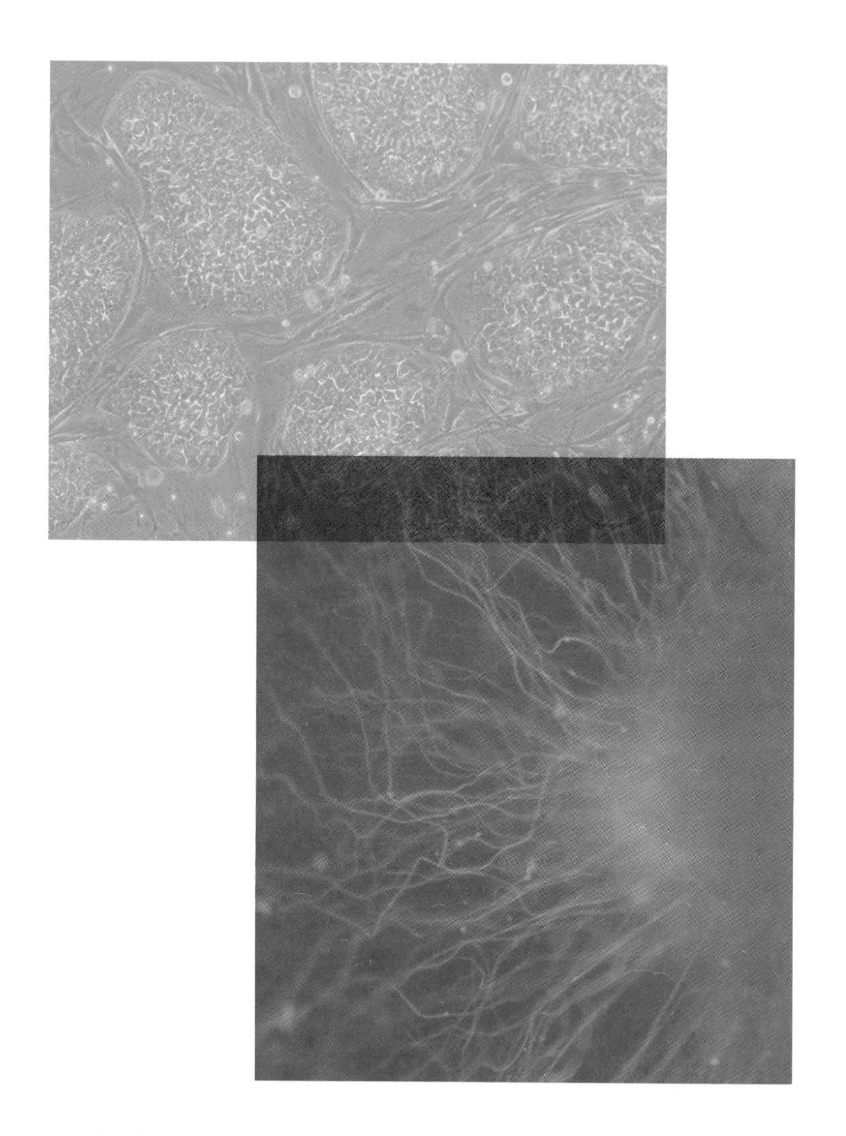

（上）尚未分化的干细胞集落 [19]

（下）分化后的神经细胞 [20]

么单就这些细胞可以发挥作用？如果是我自己的细胞，为什么它原来在我的身体里不能当药使用，采集后做了改造，再打回去就能当药了？

汪阳明 这是非常好的问题。为什么细胞能当药物使用，其实是因为你体内原有的细胞数量并不够。就如同有些营养素（比如维生素），既然人体自身也可以合成，为什么还需要体外补充呢，是因为合成得不够，细胞治疗也是这个道理。

郝景芳 也就是说，我需要补充点细胞。

汪阳明 就是这个意思。

细胞也能被编辑，免疫疗法撕开病毒的伪装。

郝景芳 您刚才提到细胞的基因编辑，这又是如何做到的呢？

汪阳明 第一种方式，就是刚才提到的CAR–T，中文应该叫作嵌合抗原受体T细胞免疫疗法。T细胞是人体内的免疫细胞，可以杀伤一些外界来的细菌或者是外源的东西，癌症实际上就是一种外源的东西，因为它已经突变，是应该被杀死的。

但是我们的T细胞在很多时候是受限的，不能完全杀死它，那怎么办？科学家就把人体内的T细胞拿出来，在体外对它进行改造，让它感知癌细胞上的一些分子，激活它。激活它之后，我们又把T细胞扩增很多倍，可以几千倍、几万倍，这样就有大量T细胞，再输回人体里，这时就可以起作用了。实际上，这些T细胞原本就存在于人体内，但是并没有被激活，放到体外后被激活扩充，所以可以杀死癌细胞。

另一种方式就是基因编辑，最著名的案例就是治疗艾滋病。这里涉及很长的前史，我就不一一赘述了。实际上就是让血液干细胞里的一个基因失活，然后灭掉。这时候血液细胞就不会受到艾滋病病毒的攻击，就可以清除体内的艾滋病病毒。

郝景芳　这么说的话，大部分的癌症、艾滋病是不是理论上都能被治疗？

汪阳明　刚才提供的是一个细胞治疗案例，我应该把话说得更严谨一点，现在所说的大部分事情实际上都尚在实验过程中，并不能保证百分之百实现，只是说有相当大的可能性。比如用CAR–T治疗淋巴白血病，数据显示有70%~90%的有效率。再者，像使用骨髓细胞治疗白血病，几乎是80%~90%的治愈率，并且已经在国际上经过多次验证，以上这些治疗是没有问题的，但前提是病人的情况符合细胞治疗的要求。作为对比，诸如针对阿尔茨海默病的神经替代方法，说实话没有人敢百分之百确定可行。

其实，细胞治疗并不是治疗阿尔茨海默病的唯一方式。还有一些很有意思的研究，比如抗体疗法，或者是疫苗疗法，都有可能将坏死的神经细胞除掉。我记得哈佛大学的科学家做过一项研究，使用不同频率的光照射小鼠，居然延缓了其阿尔茨海默病症状。但我们知道这只是合理的动物实验，是不能随便在人体上拓展使用的，但至少说明科学家在尝试不同的方法。

郝景芳 其实我的家族也有癌症病史，两位至亲也因此过世。我会担心有基因遗传疾病的风险，自己未来是有可能患癌症的。那您觉得像这种用细胞治疗癌症的方式，近几年是否会有大幅度的变化发展？

汪阳明 癌症其实比较复杂，它不光是因为一种基因，所以光靠基因编辑法不一定能解决问题。癌症病发，很多时候是由生活习惯等方面的因素造成的，甚至包括日常接触的东西、环境污染，基因继而产生新的突变，最后整个基因组被破坏，产生癌变。

但是，我们研究癌症已经这么多年，一些癌症已经可以被治愈。刚才提到的白血病就是其中一个例子，利用CAR–T免疫细胞可以杀死癌细胞。另外就是免疫治疗，这不光是细胞的问题。我前面也提到，癌细胞是一种外源的东西，理论上讲，它一出现就应该被我们的T细胞除掉，但是并没有。因为癌细胞非常狡猾，善于伪装。癌细胞会向体细胞显示一种叫PD-L1 ②的分子，相当

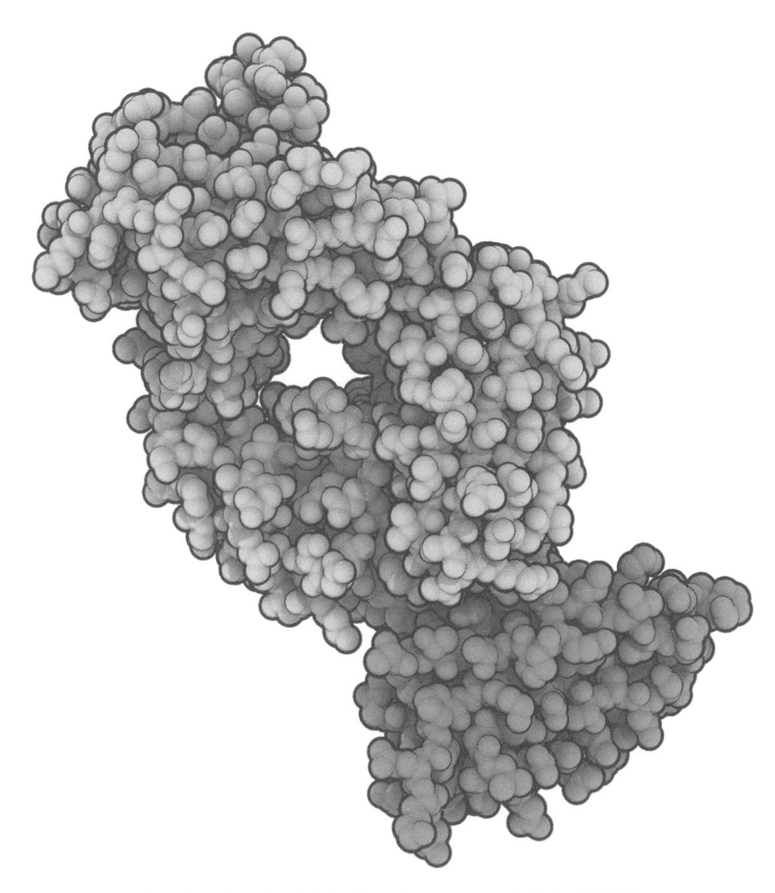

与PD-L1复合的度伐鲁单抗（durvalumab）的结合片段[21]

于什么呢？一个坏蛋拿到了“好人卡”，向T细胞传递了一个信息——“其实我是一个好人”，然后免疫细胞就被“骗”了，癌细胞就这样蒙混过关了。

那我们该怎么“对付”它呢？当然是没收这张“好人卡”，让它身份暴露。所以很多免疫疗法，实际上就是用抗体把代表“好人卡”的PD-L1给挡住，让它无法显示，T细胞自然就可以开始攻击、灭掉癌细胞。

另外，对于某些黑色素瘤和非小细胞肺癌等，细胞治疗也可以实现非常好的治疗效果。我相信随着科学家的努力，细胞治疗以及抗体疗法可能会成为非常有效的方案，将会有更多类似的“不法分子”被发现。

郝景芳 虽然现在只能针对某些癌症进行治疗，但其原理也可以用到其他癌症的治疗上面。随着研究的深入，您刚才讲的挡住“好人卡”的免疫疗法，是不是很快也能覆盖对其他癌症的治疗？说不定在不久的将来，大部分癌症都有可能被治愈。

汪阳明 还是要看临床试验数据，毕竟癌症种类太多了，只能说前景较为乐观。但这并不是说你就能随意吃喝，不顾身体健康了。

郝景芳 我就想听这句话。

汪阳明 总之一个字，真的不能“作”，身体健康是最重要的。

郝景芳 汪老师的语言特点就是非常严谨，解答问题的口头禅就是“数据不支持，我也无法断定真假”。

汪阳明 谨慎一点肯定是好的，很多人并不从事科研工作，他们不会像科学家一样有足够的时间和精力查阅文献，他们会把我说的话当真。即便我讲话足够字斟句酌，也并不是百分之百正确。很多事情你必须在看到真实的官方数据后，才能够相信。

郝景芳 是的，而且事物是不断变化发展的，世界上的未解之谜太多了。

汪阳明 细胞治疗是涉及一个人生命的事情，必须严肃对待。

美容的本质是延缓衰老，细胞治疗大概率会以细胞替代的形式出现。

郝景芳 真正严谨的科学家会说“有多少人使用过，有多少内容是有效数据”，成功是有一定概率的。但在生活里，我们经常会犯一个认知上的错误，容易把个例当成真理，比如“某某用过这个，特别有效，药到病除了”。信服度似乎特别高，然后一些人被

“忽悠”着在美容方面交的“智商税”就尤其多了，比如干细胞美容——在面部注入干细胞，令你容光焕发。

仅从科学原理上讲，这种干细胞美容养颜，甚至养生的方式，到底是“纯忽悠”，还是真有那么点道理？

汪阳明 这牵涉到一个非常大的产业，它产生的原理也很可能是多方面的，但是现在进行的这方面研究并不算多。刚才我提到的细胞治疗，大概率会以细胞替代的形式出现，但很显然，美容肯定不属于细胞替代。

那么还有一种可能，即细胞提供因子，比如一些化妆品里可能含有一些生长因子，有促进皮肤生长的功效。但由于我对美容行业实在是知之甚少，所以不贸然给大家任何建议了。我倒觉得，美容其实更像一种追求青春永驻的方式，其本质是延缓衰老，应该说自秦始皇以来，这几乎是所有人梦寐以求的。

我认为，与其想着延缓衰老，不如想想如何在现有条件下保持健康的体魄。有一个著名案例叫“热量限制”，也就是限食。这个实验对小鼠进行热量限制，本来正常小鼠吃十分饱，现在给它限制到七分，小鼠的寿命延长了20%左右。我们常说“饭吃七分饱”，其实非常有道理。

郝景芳 所以限制饮食对健康来说是很重要的。

汪阳明 少吃非常重要，这其实是有一个标准的。但大部分人很难做到，所以我们科学家的任务就来了，希望能找到更好的方法。可凡事不是绝对的。再讲一个案例。有一位叫格雷戈里·费罗的科学家，他一开始做这个研究的目的很单纯，只是因为自己的胸腺出了问题。胸腺就是人体产生免疫细胞的地方，免疫细胞显然跟一个人的年龄相关。为什么老年人容易因肺炎失去生命？因为免疫系统不行。

胸腺细胞在一个人35岁时到达顶峰，然后就会慢慢萎缩。这就相当于35岁后，胸腺细胞在走下坡路。格雷戈里·费罗的想法很简单，就是增加一个生长因子，让生长激素促使胸腺细胞再生。他亲身试药，之后发现胸腺细胞果然再生了，但这种药依旧存在一定的问题，比如令他的血糖值异常升高。

有一些药物是可以用来抑制高血糖的，比如二甲双胍，还有DHEA。DHEA实际上是人类产生激素的前体，无论是男性还是女性。所以吃下去以后，身体会分泌激素，而这些激素又反作用于细胞，使细胞具有一些其他活性。这些因子混合在一起，可以一直起到抑制作用。因此格雷戈里·费罗创办了一家公司，招募了9个人做该项实验，可以说实验对象数量非常少。实验过后，他通过影像数据发现这些人的胸腺细胞都再生了，而且效果很好。

郝景芳 这项实验本身，是不是也是抗衰老的一种形式？

汪阳明 它的原理是对免疫系统的增强。

郝景芳 如果我因此恢复了自己的免疫系统，抗衰老能力也会相应增强吗？

汪阳明 对，所以该公司现在大力推广这项技术。但只要牵扯到一个人的生命，都要谨慎小心。这个实验还有后续，格雷戈里·费罗又想采集这些人的血液样品，心想是不是可以测一测他们的生物学年龄。生物学年龄和时间年龄是不一样的。时间年龄，就是我们常说的自出生至今的实际年龄。生物学年龄则是科学家在拿到血液样本后，检测里面的分子指标，再把它代入公式中计算出来的。很显然，格雷戈里·费罗也是这样做的。结果，他发现这9个人的生物学年龄都被逆转了。

郝景芳 返老还童？

汪阳明 对，仅仅是针对生物学年龄而言，这9个人只吃了一年的二甲双胍，生物学年龄就被逆转了两年半。而且该效果在他们停药6个月后依旧存在，所以非常神奇。但这是不是就证明这些人真的变年轻了，他们的寿命跟别人相比增加了两年呢？这是一种概念偷换，实际情况我们不得而知。也就是说，我们无法单凭9个人的实验数据就做出判断，也不能在他们吃药一年、停药观察

6个月后仍然如此就下结论，答案只能交给时间，所以我并不建议大家贸然去吃这类药物。

郝景芳 您赶紧做这个实验，我愿意当“小白鼠”。

汪阳明 这在我国肯定是受到严格监管的，有非常严格的审批程序，国外也是如此。实际上我们曾经历过一段细胞治疗的混乱时期。直到2015年我国正式出台了一项新的法规，才使一切变得更加严谨、规范。

其中非常重要的一点就是，临床医疗不能做广告，不允许收费等一系列规则的实施，将细胞治疗限定在一个框架之内，不得与金钱利益挂钩。

郝景芳 回到刚才那个实验，其中有两个很重要的因素。一个是胸腺细胞的再生，另一个则是通过服用二甲双胍这类药物维持血糖水平。这两个因素，哪个对“返老还童”影响大呢？

汪阳明 这个我不敢说，胸腺细胞再生到底有没有效果，应该还没有人实际研究过。而关于二甲双胍的效果，倒有过不少研究。至少在动物实验上是有效的，比如刚才提到的小鼠，大家会发现它的确可以延长小鼠的年龄。也就是说，小鼠会因此延长寿命，患癌时间也比较晚。

郝景芳 除了干细胞，可能功效最明显的就是二甲双胍。既然这类新的药物分子被发现，那假如以后出现越来越多所谓的能够让人延缓衰老的东西，人类是不是真的可以依靠药物保持青春了？

汪阳明 我觉得这种可能性是有的，甚至可以说非常大。但我们也知道，人类的平均寿命已达 75 岁，实在没必要因此冒险。只要地球不灭亡，人类大概会一直存在。我认为，小分子的形式能让人类寿命延长，是完全有可能的。

郝景芳 我可能会尝试吃一点二甲双胍。

汪阳明 我建议最好不要这么做。人和人是有差异的，比如就我们两个人基因的位点而言，实际上有几百万个位点是不一样的。这些位点可能导致我们的用药反应不同。所以有些药有些人可以吃，有些人不能吃。说得严重一点，有些人可以因此增加寿命，但有些人如果带有一些特定基因的突变，甚至会适得其反。

2 那些年为细胞治疗缴的“智商税”

从科学的角度来说，如何判断一个东西是否有效？首先是指出它的原理，到底是什么样的机制使它变得切实可行。其次需要有临床试验数据的支撑，反复研究，以及发表被科学界承认的成果。

郝景芳 回到延缓衰老和长寿这个话题，人到底为什么会衰老，生命又因何终结，我们不得而知。我曾听说过一个我觉得最不可思议的实验，就是把年轻个体的血液输送到年老个体的体内，只要血液输送进去，年老个体就能返老还童。这听上去很神奇。年轻个体的血液里到底有什么东西可以起到这样的作用？这说明我们对人体新陈代谢、衰老的机制，其实还不太了解。这方面您怎么看？

汪阳明 对，是有这样的实验。但你刚才提到的将年轻个体的血液直接输送至年老个体的情况，在不同的研究中应该会产生不同结果，是有一定争议的。但有一个没有争议的实验，就是把年老的小鼠和年轻的小鼠的血管结扎在一起，彼此疏通，这叫作共生小鼠模型。实际上在20世纪60年代，科学家就做过该项试验，当时是出于给小鼠减肥的考虑，把肥胖小鼠和瘦弱小鼠连在一起，结果肥胖小鼠不胖了。

郝景芳 那瘦弱小鼠变胖了吗？

汪阳明 没有。为什么呢？因为瘦弱小鼠会产生一种叫瘦素的东西，这种东西可以抑制变胖，所以与其连接在一起共生的肥胖小鼠就瘦下来了。说到这里，可能有人会问，瘦素放到人身上有没有用呢？很可惜，人吃瘦素是没用的，肥胖的人对瘦素是有抵抗性的，也就是说，瘦素对这类人没有效果。

郝景芳 感觉市面上的一些保健品，其实也会打“延缓衰老”的幌子。那么说到对保健品和药物的区分，这实际上反映了一个人更深层次的东西。其实很多人都希望自己健康长寿，“宁可信其有”，有的保健品开发商正是看准了这一点。吃的人可能也知道作用不大，但还是会抱着试试看的心态，想着万一真的有效果呢。就像《红楼梦》里老道说冰糖炖雪梨，你就天天炖着吧，就算收效不大，但也没什么坏处。

所以，我们怎么能够区分哪些是切实有效的，哪些又是“忽悠”人的呢？

汪阳明 其实保健品一事没有绝对的判断方法。首先它是无害的，如果有害的话，国家肯定会明令禁止。至于是否真的有效，只能说不好判断。药物的话就简单了，药到病除，就是它的效果。关于药物使用，每个国家都会基于非常严格的临床实验数据，才允许其投放市场进行销售。

所以，如果一个人跟你谈疗效，但是又没有临床数据的支持，那就很可能不是药物。也可能他亲自做过临床实验，能有一定效果，这就不得而知了。所以这也是个非常有意思的现象，有些东西有点作用却可能不是药，比如冰糖炖雪梨。

郝景芳 相当于一种心理安慰。

汪阳明 是的，这种安慰剂的效果，在各种疾病中都有体现。这也是为什么临床实验的设计要非常严谨。曾经有这样一个实验，两拨患者中一拨人服用药物，另一拨人吃糖水或是营养素之类的东西，但他们都以为自己吃的是实验用药。结果发现，喝糖水也有一定的正向作用，甚至比不吃药的人好得多，这就是典型的安慰剂效应。

治疗牵涉到的心理因素就更多了。我看过一则新闻报道，一位 53 岁的老人，戴维德·瓦卢伊，原本是通讯方面的专家，后来不知道为什么突然改行，并声称自己发明了一种干细胞疗法——把别人骨髓里的细胞取出来，在里面加上一个名为全反式视黄酸的小分子。这位老人说小分子可以分化成神经元，之后他就利用神经元治疗帕金森病、肌肉萎缩症。

事实证明，这是个彻头彻尾的谎言，之后很多案例证明他的药非但毫无疗效，甚至还对病人造成了很多伤害。他的整个研发过程都是错误的，极易造成污染等。可即便如此，依旧有很多人在支持他。像帕金森病或者肌肉萎缩这类病症，治好的可能性非常小。所以那些人抱着一线希望，认为这个东西一定可行。法官禁止他们接受此类治疗时，有的患者甚至会告到地方政府那里，要求必须允许。迫于压力，法官最终允许一些患者接受治疗。后来，这些人不断地逼迫法官，不断拿到治疗许可。如果是从事细胞治疗的专业人士，很快就能辨别出这样明显的骗局。

这位老人不仅没有发表过任何权威文章，以论证疗效或方案可行，也没有进行过任何动物学实验，证明该疗法的工作原理，更没有申请到任何国家的临床实验许可，就贸然声称可以治疗疾病。后来他“被迫”转移到一座小岛，那里没有太多法律限制，使得他更加随心所欲。当然故事的最后他还是被揭穿了，免不了牢狱之灾。

郝景芳　从科学的角度来说，如何判断一个东西是否有效？首先是指出它的原理，到底是什么样的机制使它变得切实可行。其次需要有临床试验数据的支撑，反复研究，以及发展出被科学界承认的成果。所以，我们真的要相信科学，尊重科研。不要贸然相信一些言论，以免造成悲剧。

3 细胞也能被移植？人与其他生命体的共生

器官可不是一种细胞，它是一个有固定形状的整体，而且有非常多样的功能。

郝景芳 目前，已经有一些癌症和艾滋病的治疗正在开展，并且我们真的有望能在未来看到癌症和艾滋病被细胞治疗攻克。

另外，小分子对延缓衰老能起到一定作用。干细胞自身分化，通过基因改造，将干细胞植入人体内，有可能带来更好的疗效。

我们大胆畅想一下，如果这些细胞治疗技术在未来 10 年、20 年能有很大的突破与进展，那我们有生之年，会不会看到人类寿命因此得到大幅度延长，甚至平均年龄达到120岁？是否有这种可能？

汪阳明 在没有具体数据作为支撑前，我还是不做判断。但我相信，人类寿命延长是非常有可能的，当然，任何事情都有它的极限，也有一种声音认为，人类寿命很可能也是有极限的。

郝景芳 人类寿命极限的意思是？

汪阳明 我不是特别相信这个“极限论”，目前来看，随着我们对人的改造，这种移植、替换的先进手段很可能会越来越多。

郝景芳 这一点其实很重要，如果我们真的能做到随意替换身体的“零件”，新旧细胞更替等，最后身体会不会就这样一直“更新”下去？

汪阳明 这可能是很多科学家的梦想。但需要注意的是，虽然刚才提到很多细胞治疗方式，可实际上都还停留在细胞层面。无论是一管子细胞注射下去，还是几千万个细胞注射下去，使用的都只是细胞。

但像你刚才说的移植、替换，这明显包含了器官，需要我们把整个器官放进身体。器官可不是一种细胞，它是一个有固定形状的整体，而且有非常多样的功能。目前能解决的，实际上是器官移植。历史上第一个成功的肾脏移植手术案例发生在 1954 年，美国科学家约瑟夫·默里和唐纳尔·托马斯因发明应用于人类疾病治疗的器官和细胞移植术，获得诺贝尔生理学或医学奖。这个手术是把同卵双胞胎之一的一个肾脏移植过去，使另一个婴儿得以存活。手术大获成功，这宣告了一个时代的来临。器官移植手术在今天更是屡见不鲜，我们熟知的可能是心脏移植。这里涉及一个问题，心脏移植的器官来源在哪里？像肾脏或肝胆移植的情况稍微好一些，会有自愿捐赠者，但心脏这么重要的器官，自愿捐献的可能性太低了。所以器官的来源问题，显然是科学家想要解决的难题之一。比如，将来可能会利用干细胞在体外重建一个相似的器官，这可能牵涉到像 3D 打印这样的新技术，再把不同的细胞按照体内情况重新组装起来。这个过程听上去就很科幻，现在看来几乎是不可能的。

郝景芳 这个“不可能”难在哪里？

汪阳明 器官的细胞分布相当复杂，细胞之间的“通信”功能，血管、神经里的细胞如何运转，都有一套程序化设定。你可以想象，在体外把这个程序重演一下有多困难，因为我们不是在处理几个细胞、几十个细胞，而是在处理几十亿个细胞，所以操作起来非常困难。科学家就想到了其他方法，用那些跟人类的生理状态相似的动物生产器官，比如猪。但问题又来了，对人来说，猪是异源的动物，器官移植到人体后会出现免疫排斥反应。所以最后不仅有可能对已经移植的器官产生排斥，也可能在移植过程中出现有猪的免疫细胞，细胞本身也会对人造成影响。所以，免疫排斥是器官移植的大问题。现在有一个解决方法，即用间充质干细胞，英文缩写叫MSC，它有很多种可被获取的方法。比如在皮肤上培养，人的牙龈、牙髓里甚至也存在这种干细胞。其实叫它干细胞是有争议的，只是现在科学界都默认这样叫而已。

这种细胞很有意思，它没有什么免疫原性，在器官移植的过程中，可以抑制器官带进去的免疫细胞对人体造成伤害。国外已经有临床使用案例了，器官移植是干细胞的一个特殊用途。再回到刚才说的猪器官移植，怎么做呢？就是借猪这种动物生产器官，这怎么可能呢？因为大部分人都觉得猪跟人不能画等号。如果我们要借猪生产出人的器官，就必须把人的干细胞放在猪的胚胎里，让它只形成心脏或者肝脏。

郝景芳　那它会对人体产生何种影响？一个人的脾性、行为会有变化吗？其实一个人的生物性本能，在很大程度上会影响个人的思想行为。我们之前讨论过一个话题——“肠道菌群”，哪怕在肠道里更换细菌，都有可能影响一个人的大脑神经反应。好莱坞有一部喜剧电影，讲述的就是男主人公被移植了狗的心脏，从此连行为举止都变得像狗一样了。

汪阳明 我认为科幻成分居多。其实借猪生产人类器官这件事，目前还没有相关实验。把人的细胞放在猪的身体里让其存活并生长，其实非常困难。科学家尝试过很多次，几乎都以失败告终。

细胞在其他动物体内生长究竟会怎样，甚至对作为实验对象的动物是否有危害，都是要考虑的，这是个不断试错、纠正的过程。

郝景芳 经常会在电影里看到人类对自身的改造、异化，比如基因突变、变种人等。改造好了就是X战警，改造坏了可能就是章鱼博士了。所以人类在改造自身时，哪怕是细胞治疗,是不是也需要有一定的伦理道德规范？

汪阳明 这是肯定的，包括对人的胚胎研究在内，都是被禁止的。细胞在其他动物体内生长究竟会怎样，甚至对作为实验对象的动物是否有危害，都是要考虑的，这是个不断试错、纠正的过程。目前日本在这方面的技术较为领先。

郝景芳 这是为什么？

汪阳明 一方面，可能是由于日本人口老龄化问题突出，面临很多社会问题；另一方面，日本一直把干细胞当作一个非常重要的研究方向。2012 年诺贝尔生理学或医学奖获得者山中伸弥就是日本人，他发明了一种方法把皮肤上已经分化、衰退的细胞，重新退回胚胎干细胞的样子。这项技术可谓非常先进。我们可以拿这样的细胞去做各种各样的分化。想象一下，这有可能用来代替一个人自身的器官吗？我们知道代价可能非常巨大，因为过程本就非常复杂。

另一位做异种移植、异种嵌合实验的科学家中内启光也来自日本。他把小鼠的干细胞放进大鼠的胚胎里，同时改造了大鼠的基因，让大鼠自身无法形成胰脏，所以它的胰脏细胞都来源于小鼠。理论上来讲，大鼠的器官可以移植到小鼠的身上。但这位科学家没有移植大鼠的器官，而是把其胰脏取出，采集里面的胰脏细胞，移植到另一只得了糖尿病的小鼠身上，结果治好了小鼠的糖尿病。

这说明什么呢？小鼠和大鼠，并不是大和小的区别。两千万年前，小鼠和大鼠在进化上是分开的，相当于人类和猴子的关系。换句话说，这个实验几乎就是在模拟人类和猴子的身体反应。

郝景芳　其实说起来，很多科幻的想象空间也是有限的。如果你问一个五六岁的孩子："你想象中的未来是什么样的呢？"很多孩子会回答"会飞的汽车，好多机器人"之类的，许多科幻电影里也无外乎就是这样的想象，哪怕从物理学角度来讲，会飞的汽车可能根本无法实现。

身为一位科幻作家，我偶尔会有些幼稚的想法。现如今一系列高科技手段层出不穷，比如扫描人脑，建立一个“电子大脑”，甚至基于脑机接口技术，通过意识操控机器人等，以及太空探索方面的进展，当然也包括今天谈论的细胞治疗、微生物技术等。这些其实比科幻想象要精彩多了，很多领域方面的研究，甚至是我们从未想到过的。

汪阳明　因为生命非常复杂，它不像无机自然界。

郝景芳　外界变化真的日新月异，我们能想象到的是，人的寿命如果真的延长，那么社会秩序、伦理道德、情绪情感都会发生变化。比如，由于医疗技术水平提高，很多孕妇都能安全诞下健康的婴儿，“保大人还是保孩子”这种选择出现的概率并不大。但几十年前，因生产引发危急情况的概率明显比现在高。另外，过去曾困扰人们的一些重大疾病，今天很可能变为轻症，甚至被治愈。人们心之所系，或者说正在焦虑的问题，很多都与当今技术密不可分。人的思想、价值观甚至也已随着社会发展发生变化。

汪阳明　是的，我举个简单的例子。20 世纪 50 年代，清华大学有句口号是“为祖国健康工作五十年”，如果人类平均寿命延长至 120 年，这个标语就得改了。

郝景芳　改成80年。

汪阳明　至少80年，这其实就是科技水平进步给生活各个方面带来的变化。

郝景芳　这种感觉真的很神奇。学生时代会有一种错觉，似乎科学技术已经被前辈们研究得差不多了，该发明创造的事物也早就出现了，心想等长大后也没有什么可探究的，但越是同前沿科技方面的科学家打交道，就越发现，人类对宇宙、大自然的了解，甚至对人体自身的认知其实都太过浅薄，许多重要的东西我们并未发现。

如果未来想取得更多杰出的创造成就，必须对每样事物的原理加以探究，对人类本身多一些好奇，对大自然多一些敬畏之心。当我们对事物原理探究得足够深刻，能创造、改变的才会越多。

文中相关注释：

①CAR-T疗法，指嵌合抗原受体T细胞免疫疗法。这是一种治疗肿瘤的新型精准靶向疗法，近几年通过优化改良在临床肿瘤治疗上取得很好的效果，是一种非常有前景的，能够精准、快速、高效，且有可能治愈癌症的新型肿瘤免疫治疗方法。

②PD-L1，细胞程序性死亡–配体1，是人类体内的一种蛋白质，由CD274基因编码。

1110010010111100010101101111100101
1001110111011110111100101100010011
0001101111001101010110010101111111

第九章

大脑探秘

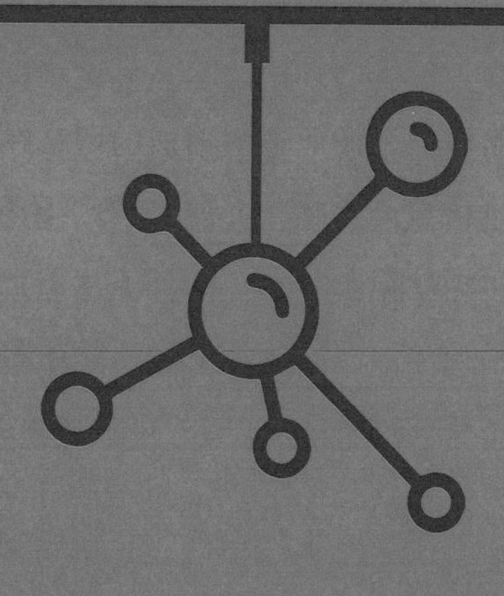

我们都知道，大脑是人类大部分身体与思维活动的控制者和管理者。但是，大脑到底是如何运作的呢？首先，从器官的层面来看，大脑是通过大脑皮层、间脑、小脑、脑干等部位的分工协调来运作并发挥控制功能。比如，脑干负责控制呼吸、血压、心跳等基本生理活动；而小脑就控制平衡；大脑皮层由额叶、顶叶、颞叶和枕叶四部分构成，主要具有控制性格、学习、记忆等高级心理功能。

那么从微观层面，也就是细胞角度来看，大脑是由大约1 000亿个神经细胞组成的。如果你还对中学生物知识有印象的话，你一定还记得这样一句话——每个神经元都通过大量名为“突触”的结构与其他神经元相连，形成一个大约具有100万亿个连接的极其庞大而复杂的网络。简而言之，大脑运作的过程实际上是这些神经元之间通过神经递质在这个网络里传输信息的过程。

从构想到完成一件事，我们的大脑每分每秒都接受着成千上万条信息输入，而神经元彼此连接形成的网络在短短几毫秒时间内就可以完成大量信息的传输，并使我们产生适当的感知、理解和反应。现有的研究结果跟整个大脑的工作原理比起来，可以说还是沧海一粟。当你闭上眼睛想象大脑里的情景，你看到的将会是一个无比庞大而又复杂的系统：860亿个神经元、100万亿个连接而成的错综复杂的网络，无数的电化学信号在神经元和各种各样的突触之间传输，从出生到死亡，每分每秒，从不间断。光是这么一想，你就知道我们想参透大脑的奥秘有多困难了。

那么，我们的大脑为何会拥有儿时的久远记忆，为何会通过学习就能解开复杂精妙的难题？脑内探秘是个太过庞大的概念，并非能用本章内容三言两语说清楚的。那么，就从人类大脑最原始的“记忆”话题入手。在看完这章内容后，建议你合上书本，看看到目前为止，你还能记得多少关于本书的内容。

“大脑是一个由860亿个神经细胞形成的非常复杂的三维神经网络。人的记忆可以说是很优雅、很细腻的，是精雕细琢的。”

郝景芳

×

王立铭

浙江大学生命科学研究院教授

1 记忆与学习密不可分的本质联系

产生记忆，首先要具备相应的学习能力。

郝景芳 按照科学家的最新研究，记忆的基本机制是什么？

王立铭 首先，我们来说一下记忆的生物学本质。记忆这个概念，实际上是和学习的概念紧密联系在一起的，而且相辅相成，缺一不可。

什么是学习？毫无疑问，学习有很多种，经典的分类方式有联合型学习[①]和非联合型学习[②]。巴甫洛夫的狗这一实验把铃铛的声音和喂食联系在一起，就是一个联合型学习的例子；斯金纳的鸽子也是类似的，就是让鸽子意识到自己在箱子里做出什么样的动作能够获得食物，相当于把自己的动作和某种结果联系在一起。

那所谓的非联合型学习呢，比如习惯等。古话说，“入鲍鱼之肆，久而不闻其臭”，这句话所描述的对臭味的习惯，也是一种学习。还有一种特别经典的分类——社会型学习，即人的学习有所谓的模仿成分，看到别人在干什么，就跟着学。所以，学习的方式有很多种，其本质就是行为受到了经验的影响。我们可能本来会有某种形式的行为输出，但是因为过往经验的影响，在面对同样刺激的时候，我们的行为输出方式发生了变化，这也可以被认为是一种学习的过程。

综上，所谓记忆，就是学习过程发生之后的结果，如果能长久存在，我们就认为它是一种记忆。

郝景芳　也就是说，要产生记忆，一个人首先要具备相应的学习能力。那么在什么情况下，大脑更能记住我想记住的内容呢？

王立铭　顺着刚才的逻辑就能够理解，学习迹象的出现，首先要求有学习能力，通过学习获得的一个知识点或者习得的一种行为，由于过往经验对行为的影响，以某种形式长久地存在于大脑中，我们便认为出现了记忆。一般我们会以阶段把记忆分成两类，一个叫短期记忆，一个叫长期记忆。很多人都知道这一组概念，但是二者其实可以再细分。换言之，短期记忆和长期记忆是最重要的。

所谓的短期记忆，指的是“学习”这一行为刚刚发生之后，在我们的大脑中引起的短期变化。它的特点就是变化的存在时间比较短，可能以一分钟或者最多一小时来计算。举个例子，有人告诉你一组电话号码，你可能在一瞬间记住了，但如果接下来有人打断你，跟你聊天，那么你可能马上就会忘记它，这就是所谓的短期记忆。

短期记忆的特点就是它容量很有限，你可以认为，这个经验对行为产生的影响，只是非常短暂地存在于大脑里的某个地方。在这个短暂存在的过程中，存在一个筛选机制。你的大脑会发现，短暂的时间过后这个信息已经无关紧要，或者不会再被提及，大脑就会选择忘记它，甚至很快就忘记了。大脑如果发现在某一段时间窗口内，这个信息被反复提及，甚至有什么重要的价值，它就会被存储到所谓的长期记忆中去，成为不会轻易被抹去的记忆，时间可以长达几天、几个月、几年，甚至几十年。

大脑会自行“判断”最有价值的记忆并储存。

郝景芳 大脑可以影响人类的记忆行为吗？

王立铭 跟随这样一个简单的逻辑，我们可以认为，一个经验如果想影响我们的行为，那么有三个阶段。首先，要出现学习的过程，即大脑意识到这个经验要以某种方式改变我们的行为。其次，改变发生之后，它会在我们的大脑中的一个很短的时间窗口内持续存在，那我们认为这是短期记忆。最后，如果它能够被反复提及，让大脑认为其是具有长久价值的，从而得以保留，才会形成所谓的长期记忆。以上内容可以说是“粗糙”版本的经验进入意识世界的三个步骤。

郝景芳 我好奇的是，记忆在人类大脑中是以什么形式存在的？

王立铭 如果想说清楚记忆到底是怎么回事，本质上就是要明白刚才这三个步骤分别是怎么发生的。如果我们理解了这件事，我们就可以理解记忆到底是以什么形式存在的。我首先强调一下，关于记忆到底是怎么一回事，特别是有关长期记忆的部分，我们的了解非常有限，后面我会讲到原因。现在先顺着这条逻辑，我们大概聊一聊记忆是怎么发生的。

首先是学习的过程。刚才提到了很多种复杂的过程，但是最值得注意或者人们关注最多的，可能就是所谓的联合型学习。也就是说，大脑有能力根据以往的经验，把两个原本既不存在相关性，也毫无因果性的事件认为是有关联的，甚至是有因果关系的。那么这个过程自然就会对行为产生影响。典型的例子就是巴甫洛夫的狗这一实验，铃铛和食物二者原本毫无关联，即使先后出现也是毫无必然性的。但是，因为狗主人的设计，狗仍然会顽强地学会一件事，认为铃铛一响就会有食物，从而认定二者是有必然联系的。

郝景芳 所以建立联系的过程，就是学习的过程。

王立铭 我们可以此为例，来看看学习是怎么发生的。基于这个例子我们可以意识到，对于大脑来说，学习首先需要一种能力，即要意识到哪些事情总是同时出现，也就是生物学所讲的同时性检测器（coincidence detector）。比如铃铛和食物，巴甫洛夫的狗意识到二者总是同时出现，那意味着它本身就具备这个能力，即检测到铃铛出现和食物出现在感官世界里的先后顺序。当然，我们知道外部环境的刺激需要通过感觉系统最终输入大脑，这个过程很复杂，但是你在脑海中提问，你的大脑需要回应你，这两件事同时发生了。

现在我们认为这个过程是在海马区——大脑中一个长得像海马的结构里发生的。这有一系列的证据，包括大家可能在文章里看到过一位非常著名的患者H.M.，全名亨利·古斯塔·莫莱森，由于对其某种疾病的治疗，他大脑中的海马区彻底没有了，之后他便无法进行新的学习，也无法形成新的记忆。至此，人类逐渐意识到海马区对学习来说是很重要的。现在我们认为同时性检测就发生在海马区。

郝景芳 同时性检测的逻辑，具体是怎么发生的呢？

王立铭 这涉及另一个很重要的生物学概念——赫布理论[4]，这

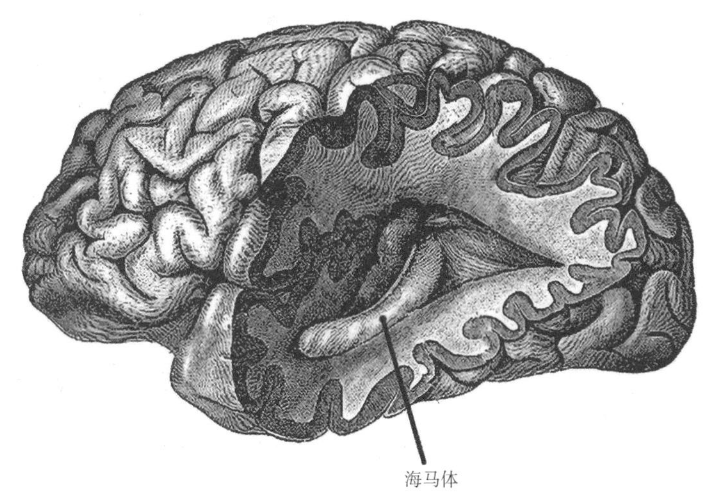

人脑中的海马体 [22]

是加拿大心理学家唐纳德·赫布提出的概念。我们知道，大脑是由很多神经元联系在一起的，人脑中大概有860亿个神经元，这位心理学家认为，神经元之间有没有连接以及连接的强度有多高，本身是有编码信息的。这一信息是怎么来的呢？根据经验。经验是怎么影响这一新信息的建立的呢？他提出了一个法则，就是所谓的“一起激活的细胞连在一起”（Cells that fire together, wire together）。换句话说，两个神经元，如果总是在一起出现神经电活动，那么这两个神经元之间的联系就会增强，从概念上来说，和刚才咱们说的学习需要同时性检测的逻辑是一样的，对吧？

所以我们甚至可以以巴甫洛夫的狗为例具象化地理解，在学习过程中，它的大脑中可能有一个“铃铛”神经元，有一个“狗粮”神经元。训练过程中，科学家总是一边摇铃铛一边给狗粮，那么狗的海马区里的“铃铛”神经元和“狗粮”神经元总是在一起被激活。那么根据赫布理论，二者总是一起激活，就会被联系在一起，这样一来，这个联系最终会达到这样一个强度，即只需要摇铃铛就可以了，因为二者之间的联系非常强，当“铃铛”神经元被激活时，“狗粮”神经元也被激活了。狗在听到铃铛响后，就会自然分泌口水。所以你可以简单地认为，联合型学习的过程就是这样发生的。

神经元联系紧密的过程，就是学习促成的过程。

郝景芳 在这样的一个学习发生的过程中，为什么“铃铛”神经元和“狗粮”神经元同时活动时它们之间的联系会增强呢？

王立铭 我认为，这可能是整个学习和记忆领域最重要的一个问题，或者说最重要的发现，就是所谓的NMDA受体（N–甲基–D–天冬氨酸受体）。科学家认为它是一个同时性检测器，也就是赫布理论里所需要的，能够检测到两个神经元，同时增强它们之间的联系的存在。这个分子的特征，就是它能够同时检测到外部的神经元发生的兴奋反应，以及它自己所在的神经元发生的兴奋反应。如果二者同时兴奋，它就会打开，进而产生一系列神经元的内部变化，最终使两个神经元的联系增强。

再次强调一下，我描述的这个模型并非严谨的实验模型，而是一个非常粗糙的过程描述，只是为了便于大家理解。它会与事实有一些出入，因为实际情况太过复杂，并不是三言两语能说清楚的。简单来说，你可以这么认为，在巴甫洛夫的狗的学习过程中，其海马区中的“铃铛”神经元和“狗粮”神经元，总是同时被人类饲养员以人为的方式激活。激活后，这两个神经元的电活动同时出现，或者总是同时出现，会被这两个神经元上的NMDA受体蛋白质发现，启动一系列的细胞生物学变化，比如合成更多的蛋白质，让两个神经元之间的突触变得更多等，最终两个神经元的连接强度越来越强，达到阈值。

这个阈值就是两个神经元之间最终的联系强度，大到只要你摇铃铛，“狗粮”神经元也被激活，狗就认为有了食物，所以它自然就分泌口水，这个学习过程就这样发生了。

2 记住还是遗忘，都是大脑在“暗中作祟”

“贵人多忘事”，其实是大脑的一种保护机制。

郝景芳 其实很多人会出现这样的情况，“一学就会，一做就忘”，那么遗忘是怎么回事呢，是记忆真的被抹去了，还是只是无法唤起联结记忆？

王立铭 拿巴甫洛夫的狗这个实验来说，如果过一段时间，狗主人不再总是刺激这条狗了，那么接下来可能会发生两件事。第一件事是遗忘，遗忘的原因很简单，就是时过境迁了。你可以想象，当狗主人下次摇铃铛却不再给狗食物的时候，那么“铃铛”神经元和“狗粮”神经元之间的联系就变得不再重要，甚至是有害的。

摇铃铛可能就是一个中性刺激，甚至是暗示要来天敌了，对吧，那么狗这时候流口水对它没有任何好处。所以，大脑是需要一个机制来人为地清除这两个神经元之间的联系的，使得这条狗意识到，摇铃铛也不要流口水。这个过程，你就可以认为是遗忘。

传统理论上来讲，这个遗忘过程一般是被动发生的。为什么这么说呢？听到铃铛声响就分泌口水，这件事刚刚被狗学会的时候，它是存在于我们之前提到的短期记忆的“池子”里的。顺便科普一下，现有的关于短期记忆到底存在于哪个地方的研究，实际上还有一些争议。那我们姑且认为，它存在于海马区。被动的意思是，我们现在认为当一段记忆还只是短期记忆的时候，它需要被反复唤醒，才能继续存在于短期记忆的存储区域。

还是前面电话号码的例子，你当时手边既没有纸笔，也没有手机用于记录，那唯一且最好的记录方式，就是重复默念这串数字，这样你就不会忘记，对吧？这就是所谓的反复唤醒的过程。但突然有人找你聊两三句话，打断这一记忆过程后，你忘记了那串数字，这就是遗忘的过程。

所以，我们认为这个阶段的遗忘是被动发生的。也就是说，只要你没有强化这一信息，它就逐渐消失了。咱们再回到巴甫洛夫的狗这个例子中，一旦狗主人在喂狗食物时不再摇铃，那么在狗的大脑中，铃铛与食物之间的联系会慢慢变弱，甚至消失。那可想而知，这个机制是具有保护性的，因为如果时过境迁，你却还记得原来的处理方式，这其实是很危险的一件事情。

郝景芳 所以遗忘在一定程度上也是大脑对人类的一种保护，既然有被动的遗忘，是不是也有主动的遗忘？

王立铭 当然了，近年来越来越多的人认为，遗忘这件事，除了刚才提到的被动因素——只要不强化就会忘记，还有主动因素。这就相当于你大脑中有一套分子生物学机制，会主动地把你已经建立的联结清除掉。简单来说，只要你没有重复调用它，它就会被你的大脑主动清除。这听起来和刚才我说的被动消除似乎没什么区别，都需要反复唤醒才能被记住，不使用便会遗忘。

其实，主动与被动的区别，可以通过一个生物学实验来说明。清华大学的钟毅老师在动物基因突变方面，有许多宝贵的研究经验。这个实验里的动物发生基因突变之后，记忆力变得非常好，随便学习都能记住。但是正常情况下，这对动物来说应该是一种短期记忆模式，按理说很快就忘记了，然而时过境迁，基因发生突变的动物就是忘不掉。比如，可能你某天训练了五次摇铃才给食物时，狗勉强记住了，按常理，如果第二天你摇了三次铃铛却没有给食物，狗就会把之前学习的这个联系忘记了。但是基因突变导致这条狗到第二天还会记得这件事，再过一两个星期，当你摇铃铛时，它依然会分泌口水，这就说明这个突变的基因，之前是参与主动清除这个机制的。还是要强调一下，不管是主动遗忘还是被动遗忘，都是有保护作用的，都是有生物学意义的。

记住和遗忘都是大脑所做的选择。

郝景芳 短期记忆和长期记忆的关系是什么？哪些事情能真正进入长期记忆？

王立铭 我们接着往下说，短期记忆需要一个机制才能最终变成长期记忆。可能你认为，长期记忆的时间很长，它和短期记忆的区别就是，它不再需要你重复地唤醒，便能够保留。像是童年时候发生的事，可能一直保留在那里，不会被清除，那么为什么记忆能够从短期记忆的区域进入长期记忆的区域呢？从概念上讲也很简单，当短期记忆形成之后，它就存留在暂时存储记忆的地方。在这个过程中，如果这段短期记忆仍然被反复地刻意提及，或者大脑"判断"这是生死攸关、有重要生物学价值的记忆，甚至和一个人面临的危险相关，和重要的奖赏相关，大脑会认为其生物学价值很高，这段短期记忆会就被大脑转移到长期记忆的"池子"里去，不容易被忘掉。

再次强调，除了我们不太清楚短期记忆到底储存在哪里，我们也并不是非常确定长期记忆的储存区域。有一个普遍的误解是，大家认为长期记忆存在于海马区，但现在基本可以肯定的是，长期记忆并不存在于海马区。比如前面提到的那位患者H.M.，他的海马区因为疾病治疗已经没有了，但这个人实际上仍能清晰地回忆起他童年时候的经历，只是无法形成新的记忆了，所以他的长期记忆肯定没受影响。

那我们现在认为海马区能做什么事呢？海马区的任务就是参与学习，更重要的是参与把学习之后的短期记忆转换成长期记忆的过程。这个过程中它起到了帮助大脑进行判断的作用。就刚刚学习的这个短暂信息到底有多么重要进行判断，这是我们现在对海马区的功能定义。

郝景芳　根据以上的描述，我们怎么看待记忆在大脑里的存储？

王立铭　比较粗略地概括起来，你可以认为记忆的存储方式就是大脑中一些特定神经元之间连接强度的变化。如果强度的变化是短暂的，我们可以认为它是一段短期记忆；如果强度的变化是长期的，我们就可以认为它是一段长期记忆。

接着，我们会意识到这样一件事儿：如果记忆的体现就是大脑中神经元之间的连接强度的变化，那么当你形成一段记忆时，比如说对某个场景的记忆、某个人的回忆、某个知识的记忆等，它就代表着大脑中N个神经元之间的连接增强了。那么可以想象，当你真的有了这段记忆，大脑中这N个神经元就会倾向于总是同时活跃、同时休息。因为它们的连接增强了，所以互相影响也变强了。

我们知道大脑是一个由860亿个神经元形成的非常复杂的三维神经网络，平均每一个神经元会和上千个神经元产生直接的连接，就有了所谓的突触。但是这个神经网络里每个节点之间的连接强度，有些是在你出生的时候预置的，有些是可变的。在生活或经历事件的过程中，或者是学习和训练后，有些神经元之间的连接强度发生了变化，这就是刚才我们说的，这本身就是学习的过程。这些变化产生之后的结果，就是你大脑中某一群神经元总是倾向于同时活跃，因为它们的连接增强了。反过来讲，我们也可以认为，当你大脑中这N个神经元同时活跃的时候，你的大脑重新调动了某些记忆。我相信大家可以理解，它们是互为因果的关系。

诺贝尔奖得主的记忆植入实验

郝景芳 那只要找到某段记忆对应的那些神经元，激活它们，让它们同时活跃，产生记忆，不就可以给一个人的大脑植入记忆了吗？甚至是这个人从没真实经历过的事情？

王立铭 要想在大脑中植入一段记忆，单纯从概念上来说（技术上做不到），能做的就是先了解一下在别人的大脑中，这段记忆对应了哪些神经元在共同活动：可能有N个细胞，这N个细胞有着什么样的活动规律，以什么样的时间频率活动。可以想象，最终这就是一个思维矩阵，每个神经元都有它的三维空间，其活动有一个时间函数。获得这些信息之后，如果有办法人为地控制另一个人的大脑中同样的一群神经元，让它们以同样的时间频率活动，那么你就可以在这个人的大脑中“唤醒”一段他本来没有的记忆。而这种唤醒的频率只要足够高，你就可以把它转换成一段长期记忆。逻辑上来讲，这也许就是记忆移植实现的一个过程。

郝景芳 有人按照这种方法做过记忆植入的实验吗？

王立铭 特别是过去10年左右吧，这是记忆领域研究的一个非常重要的话题，也就是所谓的记忆植入。这方面最重要的一位科学家是麻省理工学院的日裔生物学家利根川进，他是诺贝尔生理学或医学奖获得者，让他获奖的是免疫学研究成果。但是他上了年纪之后开始从事学习记忆方面的研究，他想做的一件特别重要的事儿就是通过上文的方法人为地移植记忆。当然，除了记忆移植这种特别科幻的方向，还有唤醒记忆、擦除记忆。因为原理是一样的。

他在老鼠身上做了一些研究，从科学的角度来说是很粗糙的，大概做到了什么程度呢？他借助了一种叫作光遗传学[③]的技术。科学家在一种藻类中找到了叫作光敏感通道蛋白的蛋白质，这种蛋白质的特点是光一照就会发生结构性变化，允许阳离子通过它。如果把这种藻类蛋白质人为地放到神经元里，神经元一旦被照了蓝光，其蛋白质就会出现构象变化，让阳离子流进去，神经元就会被人为地激活，产生电活动，这种技术就叫作光遗传学。

利根川进的研究逻辑是首先把老鼠放到一个笼子里，然后观察在这个特定场景下老鼠海马区的哪些神经元同时在活跃，那就可以认为这群神经元形成了对这个环境（这个笼子）的记忆。比如这个环境里有吃的，这群神经元的活动是对食物的反应；这个环境里有电击，老鼠很疼，那群神经元的活动代表一种恐惧。老鼠既有对好事的记忆，也有对坏事的记忆。

然后，他把这些神经元的位置标记下来，接着在每个这样的神经元里都放进一个光敏感通道蛋白。他发现，只要对着这个老鼠的海马区照一下蓝光，这个老鼠就会表现出仿佛身处那个笼子里的反应，比如它会显得很恐惧，因为它在那个笼子里的时候被虐待过，或者它会很开心，因为它在原来那个笼子里吃过好吃的东西。这个实验本质上就是在同一个个体中唤醒一段回忆。

郝景芳　既然可以往大脑里移植记忆，那么也可以拿走记忆、擦除记忆吧？比如擦除痛苦的、具有伤害性的、让人很难面对的事情，让一些有创伤性记忆的人的生活质量得到改善。

王立铭　没错，刚刚我讲的这个实验室，也做了一系列研究，包括把一段记忆擦除。记忆擦除很重要，尤其是对创伤后应激障碍（PTSD）患者来说。如果能把恐惧的记忆擦除，对他们的健康是有好处的。这个实验室也研究了如何产生一段完全不存在的记忆等。这些在逻辑上是非常相似的，我就不在此展开了。

当然了，这个概念听起来很科幻，但实际操作还是很粗糙的。现在我们也只能大概地提取非常严重的正面或负面事情的相关记忆，参考非常粗糙的行为反应，比如是不是害怕、是不是高兴，来从侧面证明实验中的动物好像被唤醒了类似的记忆。

实际上，人的记忆可以说是很优雅、很细腻的，是精雕细琢的，所以这种精细的记忆，大概无法通过现在这样的技术手段获取。比方说，我们大脑中关于任何一张人脸的回忆可能都涉及几十个、上百万个神经元之间的协同活动，而目前人类是没有任何技术可以追踪这么多神经元的活动的。

另一个我觉得值得一提、有点科幻的研究，也是很多人设想过的，就是开发一个芯片，直接放在大脑中，人为地帮你把一段记忆或某种学习过程转化成长期记忆。在这个领域，也有人取得了一些挺有趣的进展，包括在脑疾病患者的海马区植入一个芯片，人为地读取海马区里的神经元活动，然后转化成大脑皮层的电信号。这个过程本质上就是在模拟海马区的功能，把短期记忆转化成长期记忆。

3 近未来人类大脑的学习进化、记忆操控

人脑和电脑谁更擅长学习？

郝景芳 之前你提到的联合型学习，可以说是我们人脑最主要的获得新信息的方式，可是在学习，包括产生记忆的过程中，什么样的刺激才管用？或者说，怎么训练才能让我们的大脑更厉害、更聪明呢？

王立铭 在动物模型里有大量这方面的研究，很多设想都得到了证明。比如当你想把两个东西联系在一起时，一般情况下需要其中一个和这个动物的切身利益直接相关，我们叫它非条件刺激。比如对于巴甫洛夫的狗来说，非条件刺激或者生死攸关的刺激，

就是狗粮；铃铛本来是中性的，但是狗经过学习之后，铃铛就被赋予了正面价值（反过来操作也是一样，铃铛每次响的时候，狗被打的话，铃铛就会形成负面价值），所以我们知道在学习的过程中需要有奖惩。斯金纳的鸽子这一实验也进一步证明，奖惩可以规范动物的行为。斯金纳这种行为主义流派实际上有一个长期的观念，即对人的教育和训练本质上就是通过奖和惩来改变其行为方式的过程，从逻辑上说是有一定的道理的。

郝景芳 对大脑来说，奖和惩哪个更有效果呢？

王立铭 至于奖和惩到底哪个更有效果，实际上一直存在争议。我的理解是，可能都比较重要，同时使用才能起作用。实际上这种奖惩机制也反映在机器学习的逻辑中，它也需要有所谓的奖励和惩罚。因为机器学习的过程中没有预设的立场，相当于机器或者算法给出的这个答案，需要“评判者”提供一个判断标准。比如人脸识别、图像识别，就是通过用人类已经标注好的人脸和图像来告诉这个算法，它到底是对还是不对。如果对，就会对相应的参数给予更高的权重；如果不对，就会对相应参数给予更低的权重。本质上讲，这就是在对这个算法进行奖励和惩罚。我们知道，强化学习的基础就是奖惩，如果没有奖励和惩罚，实际上是无法产生有效的学习的，所以它们必须出现。

郝景芳 有些常见的科幻想象，其实会把人的大脑跟电脑进行类比，比如把各种知识分门别类做成一个个芯片，然后插到人类大脑上，人就像电脑读取硬盘一样，记住芯片里的所有内容。人脑的记忆和电脑的记忆，有什么异同呢？

王立铭 实际上，人脑的记忆和电脑的记忆很难直接类比，因为我们对于人脑到底是怎么记住东西的，知道得并不是那么清楚。我们可以类比地认为人脑记忆和电脑记忆有很多相似之处。比如人脑记忆也是以某种相对固化的方式“写”在大脑中存储记忆的地方的，可是这个地方具体在哪里，我们目前也不是特别清楚。而且这种写法，大概率上你可以认为它也是一种可以用数学表达的方式，比如我刚才说的N个神经元的活动规律，它就是一个思维矩阵，可以通过一种数据化的方法表示出来。人脑记忆也像电脑记忆一样有一个存储和读取的过程，即记忆会被存在一个地方，但是存储之后海马区那里仍然会保留一个类似于索引的功能，就是你得知道某段记忆存在于大脑皮层的哪个地方，这样当大脑需要调用的时候，海马区才能把它读取出来。从这个角度来看，这和电脑记忆一样，我们在对电脑硬盘进行格式化的时候，实际上如果选择快速格式化，这个操作不会擦除硬盘上的所有数据，只是把索引区的信息给擦没了，实际上还有信息，读不出来罢了。当然，快速格式化的负面作用就是，如果你有很高超的技术，是可以绕开索引区把信息读出来的，人脑也有类似的特征。

郝景芳 目前来看，人脑学习和机器学习之间最大的区别是什么？

王立铭 一个特别大的区别就是，人脑是一个典型的小数据学习机制，即在学习过程中，大多数时候并不需要特别多的数据输入，就可以学会了。就拿机器学习里的图像识别来说，机器可能动辄需要几百万张图片的反复训练，才能够训练出一套识别率很高的算法，比如识别出到底图片上的什么东西是猫，哪张图片上的是猫、哪张图片上的是狗。但是对于人来说，他只要看见两三只不同的猫，就会意识到这群动物其实有一些共同特征，它们都有共同的名字，叫猫。人不需要看成百上千张猫的图片，才知道这是猫。

从进化的角度来讲，这当然有它的道理，因为在真实世界中，学习本身是要有奖惩机制的，而究其根本是你学习的这件事对于生存、繁殖是很重要的。自然界没有提供那么多机会让大脑非得在对一个动作进行反复试错、学习或修改权重之后，才最终学会，人类必须要有能力在短暂的几次体验中就明确两个事物之间的联系。加西亚效应[④]就是一个特别极端的例子，这可能是效率最高的学习方式，即你吃了一个让自己上吐下泻的变质食物，只吃一次就可能对这个食物产生长达几年甚至几十年的反感。这个道理很简单，因为相较于其他信息，你吃了这个食物后对你的生活造成的潜在致命威胁很大，你若忘记下次可能直接就“挂”了，所以人脑往往对这种信息有非常高强度的学习能力。

人的小数据学习机制是怎么产生的，我们至今并不完全知道，可以猜想的是，人脑一定有一个机制，能够摄取比较丰富的感觉输入，比如人脑在猫这个物种中提取到一些关键性信息——都有毛、尖耳朵、长尾巴，叫声是喵喵喵，然后人脑认为这样的就是"猫"。但是大脑到底是怎么做这件事儿的，其实我们并不知道；为什么大脑关注的是这些特征，而不是猫的颜色（每只猫的颜色可能都不一样）。为什么大脑关注的不是猫所处的位置？为什么不是猫背后那块地毯的颜色？其实到今天我们也并不是特别清楚。这可能也是机器学习未来想模仿人脑的一个比较大的障碍，因为我们现在并不知道在极其有限的数据集存在的时候，人脑到底是怎么如此高效学习的。

操控记忆离我们有多远？

郝景芳 从人类朴素的需求来看，我们想对记忆进行的操作无非是把不好的去掉，把好的保留下来，然后最好能植入一些我们需要但是懒得自己形成的记忆。这些科幻故事里经常会用的"记忆梗"，在实际生活里可以有哪些应用场景？

王立铭 把坏的记忆擦除，其原因在现实生活中很简单，比如很多坏的记忆会导致很严重的疾病，包括创伤后应激障碍、抑郁症。

实际上可以动用刚才我说的那些技术的逻辑，只要知道这段记忆是以哪些神经元通过怎样的共同活动的规律来表现的，找到这些神经元，破坏它们之间的同步活动，理论上就可以把这段记忆擦掉。利根川进就在研究这样的事情，即擦除记忆的应用。

把好的记忆保留下来，有一个含义是延缓记忆衰退，特别是对于老年人来说，这是很重要的问题。我们知道，阿尔茨海默病的主要标志之一就是记忆衰退，而且这种衰退与这种疾病的发病年龄有极强的相关性，可能 80 岁的人中有 10% 会得病，90 岁的人中可能有 50% 得病。考虑到人类的寿命一直在增加，可能下一代人的平均寿命就 100 岁了，这就意味着人确实活得久，但是最终有超过 50% 的人完全丧失记忆，慢慢走向坟墓，这是非常悲惨的结局。参照学习记忆的形成逻辑，在实际操作上也有一些有价值的方法供大家参考，比如确诊一个人患有阿尔茨海默病，或者说觉得一个人有患阿尔茨海默病的风险之后，如果他能够经常参与智力游戏或者社交活动，那么对减缓记忆衰退是有帮助的。本质上，下棋、跳广场舞、和朋友聊天，这些活动本身的信息输入强度就很高，是一种帮助患者非常积极地形成新的学习、形成新的记忆的过程。我们现在意识到大脑有点用进废退[⑤]，也就是说，如果学习和记忆过程长期发生，那么记忆的衰退速度就会变慢，这对阿尔兹海默病患者来说是一个还不错的消息。当然，通过记忆和学习的练习来延缓阿尔茨海默病导致的记忆衰退，治标不治本。阿尔茨海默病发病最大的风险是年龄增加，针对这种疾病，我们最终还是需要理解它到底是怎么发生的，因为到今天为止我们对它的发病机理还非常不清楚。

郝景芳 把好的记忆保留下来，除了延缓大脑记忆衰退的进程，另一个很实用的相关话题就是：我们有没有可能创造出增强记忆力，严格来说是增强学习能力的一种手段，最终帮助我们更快地学会东西？

王立铭 这也是科学家在20多年前就开始关注的一个话题。刚才我们提到的可能是学习领域最重要的一个发现：NMDA受体参与同时性检测，说明它是学习领域很重要的分子。在20世纪90年代就有科学家开始设想，如果我们人为地增加NMDA受体的活动或者它的数量，那么动物和人是不是就能增强学习能力？这就是“聪明鼠”的概念，利根川进最早做研究，后来华人科学家钱卓也做出了非常重要的贡献。他利用遗传学的方法把更多的NMDA受体放到小鼠的海马体里，发现小鼠的学习技能确实增强，别的小鼠可能学十次才能学会的东西，它五次就学会了。

这给了人们一些启示：是不是我们只要研究出一些药物或者刺激大脑的手段，增加NMDA受体，个人的学习能力就能增强？逻辑上这是成立的，但代价其实是我们无法承受的。原因很简单，刚才我已经讲过，不管是被动的遗忘还是主动的遗忘，都是有保护作用的，因为你并不想把所有东西都记住，对吧？想象一下，如果一个人真的对所有的新信息都非常敏感，都很容易形成长期记忆，那这个人一定很痛苦。因为他会把所有的错误、偶然，比如别人对他不好，被谁拒绝了、干什么失败了，牢牢地记住，这实际上是一种非常可悲的人生了。

科学家其实在“聪明鼠”的实验里发现，强化学习能力后制造出来的老鼠，虽然学习能力增强，但是它对痛的敏感度也增强了，还会出现类似抑郁症的症状。所以，这条路不见得很好走。靠这种方式增强学习和记忆能力，大概率不是一个特别好的思考方向。

那么怎么才能增强学习能力？怎么把好东西记住？还有另一个思路，就是所谓的选择性注意能力。你的注意力在哪儿，你会对什么东西有更深刻的印象？大家在生活中肯定都有经验，所以照着这个逻辑你会意识到，要想增强学习的效率，还有一个方法，就是提升你对一个东西的注意力，让你的注意力更集中、更持久、更强。这也是为什么在美国很多学校流行考试前吃治疗多动症的药物，因为多动症本身就是一种注意力缺陷，也叫注意力缺失症。确实有一些药物是为这些患者开发的，以帮助他们提高注意力。滥用这种药物肯定是不好的，长期使用对大脑有什么影响其实还不是特别清楚，大概也不是什么好事。我们真正需要关注的是注意力集中背后的机制，也就是怎样才能在不伤害人体的情况下，人为地“操控”人的注意力，来辅助我们对某些事物的学习。注意力提升的过程是怎么发生的，是什么生物学机制在起作用，这是值得研究的一个方向。

郝景芳 毕竟知识越来越多，人已经快学不过来了，能不能人为地创造一段记忆？比如绕过整个学习过程，把一套知识整个地植入人脑，人就不用学了。

王立铭 我认为这是挺值得探索的一个方向——虚拟世界。包括虚拟现实、增强现实、元宇宙在内的概念越来越流行，逻辑上就是要在人脑中创造一个真实世界中不存在的虚拟世界。当然，从人脑的角度讲，其实很难说什么是真实世界，因为所有的东西都是你的感觉系统采集的信息在大脑中重构形成的一个“观念世界”。所以本质上，就观念世界而言，什么是真实的是很难定义的。

无论如何，如果有能力人为地植入记忆，不管是学习新的知识，还是创造新的虚拟世界，这都是非常重要的。这件事本质上的逻辑，前面也说了：理论上讲，你要是有本事找到一段记忆背后那一大群神经元的活动时空分布，你就掌握了这段记忆，可以拿来植入，这也是很多人研究的方向。

但是这里其实有些问题，不仅是我觉得最重要的一些问题，也是这个技术大概率不可能在近期内就产生重大突破的原因。除了技术原因，比如无法采集很多神经元的活动等，另一个特别重要的原因是，每个人的大脑都是不同的，没有任何两个人的大脑是完全一样的。这也就意味着，你就算搞清楚一段记忆在一个人的脑袋里是以什么样的时空顺序被记录的，你也无法在另一个人脑里一一对应。

不同人脑里的神经元数量可能都不一样，位置也有偏差，然后彼此的连接可能本来就不同。实际上你是无法建立这种一对一的映射关系的。这样的话，你当然就无法简单地把一个人大脑中的记忆移植到另一个大脑中去了，所以这是我觉得这个领域可能需要很久才能产生重要突破的一个原因吧。

文中相关注释：

①联合型学习，两件事在时间上很靠近地重复发生,最后在脑内逐渐形成联系,如经典的条件反射和操作式条件反射就属于这种类型的学习。

②非联合型学习，又称简单学习。它不需要在刺激和反应之间形成某种明确的联系，习惯化和敏感化即属于这种类型的学习。

③光遗传学，融合光学及遗传学的技术，精准控制特定细胞在空间与时间上的活动。其时间上精准程度可达到毫秒，而空间上则能达到单一细胞大小。2010 年光遗传学被《自然方法》选为年度方法，同年被《科学》杂志认为是近十年来的突破之一。

④加西亚效应，为心理学的古典条件作用的一种典型现象，该经典反射行为通过味觉（应激源）和潜在结果一次匹配即可形成。最初的研究为约翰·加西亚和罗伯特·库林通过老鼠实验，证明老鼠存在一种先天的特定刺激和特定结果相联结的偏好，其行为反射还依赖于遗传预设的有机体对待环境刺激的方式。加西亚还通过在饱受狼群袭击的牧场四周放置引发狼生疾病的毒羊肉汉堡，这些狼在吞食了

汉堡后出现了强烈的呕吐等疾病反应，此后这些狼对羊肉产生厌恶，并远离羊群和牧场。

⑤用进废退，指生物体的器官经常使用就会变得发达，而不经常使用就会逐渐退化。最早是由法国生物学家拉马克提出，他在《动物的哲学》中系统地阐述了他的进化学说（被后人称为“拉马克学说”）。

111001001011100010101101111100101
100110111011110111100101100010011
00011011110011010110010101111111

第十章

混合现实

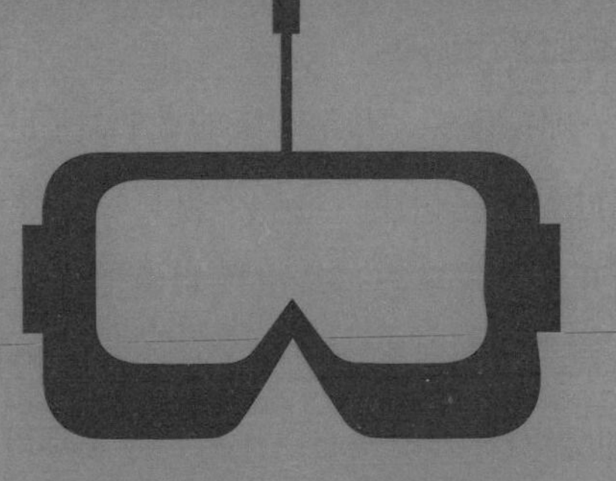

混合现实技术，是虚拟现实技术的进一步发展，该技术通过在现实场景中呈现虚拟场景信息，在现实世界、虚拟世界和用户之间搭起一个交互反馈的信息回路，以增强用户体验的真实感。

这项技术基于理论层面有诸多可能性。作为一个技术组合，混合现实技术不仅为人类提供了新的观看方法，还提供了新的输入方法，而且所有方法相互结合，从而推动创新。输入和输出的结合，对中小型企业而言是关键的差异化优势。这样，混合现实技术就可以直接影响一套工作流程，帮助企业员工提高工作效率和创新能力。

对于 21 世纪的我们来说，无论是虚拟现实、混合现实还是全息投影等，都不再是陌生的词汇。但少有人能分清三者间的联系与不同，在未与孙立老师探讨时，我脑海中的虚拟世界，还活跃在我写的科幻小说中，只是，我也期待能有更多混合现实领域的技术专家，让我们梦想成真。

混合现实、虚拟现实，乃至未来的 2.5 次元世界，与今天我们人类所存在的世界维度相比，是一个更具发散性的未来。虚拟偶像的崇拜已然开始，未来会不会出现对虚拟伴侣的期待呢？对于这样的一个未来，你会选择拥抱，还是会保持警惕呢？相较于现实人生，虚拟世界对你来说是心向往之，还是不可向迩？

这是本书的最后一章，而未来，本就是个有万分可能却又无法一下把握的词。从今往后的时间，我交还给读者。

“互联网刚出现的时候肯定也有过争议，我相信人类社会能处理好这些关系。对于我们来讲，更重要的是先去实现它，再把这些技术合理化、人性化，使其真正帮助到人类生活以及社会生产的方方面面。”

郝景芳

×

孙立

混合现实领域技术研究专家

1 混合现实，一项“难辨真假”的技术

虚拟现实是体验世界，混合现实则是融入世界。

郝景芳 虚拟现实、混合现实，二者的原理是什么？

孙 立 虚拟现实、混合现实是两种不同的技术。虚拟现实是通过一种头戴式显示设备，让使用者戴上以后可以完全进入一个虚拟世界，在里面玩游戏或者进行社交生活等。混合现实，顾名思义，就不仅仅是体验了，是把我们日常生活的现实世界与虚拟世界叠加，混合显示在一起。大家可以想象一下，未来的某一天你在逛街，迎面走来一位虚拟人物跟你打招呼，你们可以说话聊天。这就是混合现实技术要实现的。

无论是虚拟现实，还是混合现实，与二者相关的科幻影片都非常多，在未来生活中很可能都会用到。举两个例子可能更直观。比如2018年的电影《头号玩家》，它描绘了一个已经处于崩溃、混乱边缘的现实世界，人们将希望寄托于虚拟世界，通过戴上虚拟现实头盔进入一个全新的地方，这就是典型的虚拟现实技术。而另一部电影《王牌特工》，特工们戴上一个类似人工智能虚拟影像的眼镜后，就可以看到彼此，哪怕身处异地也能一起办公、开会，甚至实现场景共享。这就是混合现实技术。

其实混合现实技术需要人工智能技术的辅助。比如人工智能的识别系统，还包括手势交互。人们戴上专门的眼镜之后，用手就可以在空中操控虚拟的物体，这其实就是通过人工智能中的机器学习识别手部的动作，不需要依赖任何外设（外部设备），就可以进行交互。

另外，我们公司研发的二代产品设备拥有空间环境的感知能力，是一个眼镜的形式，人们戴上以后可以清楚地识别所处环境中的物品，比如书桌、座椅等。识别以后，它会把虚拟物体叠加在相应的物品位置上，你可以看到初音未来这样的二次元人物在桌子上跳舞，或是一条巨龙在空中出现。

有人可能会好奇，虚拟图像究竟是如何“进入”我们眼中的。其实，它是通过显示芯片，加上衍射的光学镜片，最后投到眼睛里让人看到虚拟的立体影像。通过这些核心技术，我们眼前呈现一个完全不同的、多姿多彩的新世界。

（上）郝景芳在孙立指导下体验混合现实技术

（下）混合现实智能眼镜二代

郝景芳 所以，混合现实与虚拟现实最大的不同在于，前者是在现实世界中叠加一些虚拟的物品，从而呈现一种全新的视觉体验。那么混合现实的应用场景有哪些呢？

孙　立 是的，正因如此，混合现实的应用场景与虚拟现实大不相同。虚拟现实可以让人进入一个虚拟空间体验各种游戏，或在虚拟场景下接受模拟训练、培训，但混合现实的应用场景更为广泛。想象一下，当你戴上一副眼镜，手一挥，一个虚拟的手机屏幕出现在空中。同理，如果你要使用电脑，在空中一点，就会出现虚拟的屏幕、键盘，然后就可以直接办公。这在未来是真正的一个开放式创新应用。换句话说，一切电了信息的获取来源，都可以选择，它不占用你的视野，戴上它以后你仍然可以去户外活动。但虚拟现实做不到这点，戴上虚拟现实设备以后，你只能在密闭空间里使用，去户外会受限制。

郝景芳 是的，这确实给予我们太多的想象空间。虚拟现实是脱离生活，为我们营造一种梦境，而混合现实则很可能是融入我们日常生活的方方面面。比如，平时开车、办公的时候都可以戴着这副眼镜，看到旁边有一个虚拟宠物陪伴我，未来通过混合现实技术是不是可以实现？

孙　立 完全有可能，而且可以叠加很多辅助信息。比如开车开到一个不熟悉的地方时，我们会习惯性地打开导航定位，有了混合现实后，导航信息就直接显示在路面上，可能是箭头提示等，不需要你再刻意看手机屏幕导航。混合现实甚至可以实现世界导航。当你逛街时，想知道哪家餐厅好吃，通过混合现实技术，直接弹出来像“弹幕”一样的餐厅介绍、评分推荐、导航指示等。当然它需要结合多方面数据，以及人工智能技术的深度介入，但至少可供我们想象的应用空间是非常广阔的。

郝景芳　我想到游戏《反恐精英》的第一人称视角，箭头提示你要去的地方，屏幕上方显示任务。

孙　立　是的，这有可能变成互联网跟现实真正结合的一个全新平台，诞生一种新生态。但前提条件是，混合现实技术的承载物，也就是这副眼镜要做得足够轻便，对吧？如果你戴上它感觉笨重，那体验感一定不好。研发过程中我会亲自试戴，测试不同使用时长的感受，如果戴上后 20 分钟左右就感觉沉，最长能戴 40 分钟，这个重量是肯定不行的。我们希望把重量控制住 30 克以内，如同戴墨镜一样，即便戴一整天也不会有沉重感。如果一个混合现实产品小巧便携，又能取代手机、电脑的一部分功能，到那时，我相信很多人会愿意使用它。

简单的日常打字，反而是混合现实技术的难点之一。

郝景芳 现在该产品的研发技术障碍在哪里?

孙　立 分不同的维度，也跟我刚才说的几个技术息息相关。光学是非常重要的技术，也是目前产品研发的一个障碍。眼镜里的显示芯片、镜片这两个部分组成了它的光学系统。它的视场角，我们叫作FOV①，和虚拟现实相比，一般只有50多度，而虚拟现实技术产品可以做到100多度。混合技术产品要做到100多度也是有可能的，但需要更新加工技术，在镜片上做光栅②处理。

郝景芳 除了技术手段，很多应用还涉及大量的内容开发。

孙　立 是的，这也是一个生态问题。任何硬件不可能只有一个硬件或者一个平台公司。就像苹果手机，除了它的手机产品本身，手机内置的应用商店以及数十万个App发售形成了它核心的生态壁垒。混合技术也是一样，围绕我们产品的内容开发团队越来越多，且大部分非常专业，他们会将这项技术应用在专业领域的实际操作中。例如，你可以在混合现实技术的帮助下，完成一次模拟的临床解剖实验。

郝景芳 这其实可以建立一座虚拟博物馆了，让人身临其境地看到恐龙、猛犸象，甚至营造一个冰河世纪的世界。尤其是用于孩子的教学之中，这会非常有帮助。

孙　立 完全可以，我的孩子都体验过，他们原本就对混合现实特别好奇。我记得当时给他们看了一座城堡，孩子们就特别想去里面玩耍；还向他们展示了太阳系的八大行星，他们也感到不可思议。在孩子的认知世界里，他们会认为太阳就是肉眼看到的那么大，那么借助混合现实技术，你可以告诉他们太阳体积非常庞大，大约是地球的130万倍，只是因为距离太过遥远，才会觉得它很小，借此增强孩子们的认知，寓教于乐。

郝景芳 现在我们看到的交互还比较简单，不能做太多操作，预计什么时候能进行一些更复杂的操作？

孙　立 像拉伸、点击物品，这些都是目前能够做到的。说到复杂操作，其实最复杂的就是打字，这也是人们使用手机、电脑的刚性需求。手写可能还好实现，但打字对精细化程度的要求非常高。

郝景芳 那有没有可能实现图像共享，比如在一个空间里，所有人都能看到同一只恐龙？

（上）混合现实技术下的智慧导览界面

（下）使用混合现实技术产品处理文件的模拟场景

孙　立　其实是可以的，只要机器联网，开放权限就可以看到。当然这里涉及一个隐私问题，比如我在处理一份文件，或许并不想让别人看到它的内容。

郝景芳　但是在公共场合呢，比如刚才提到的虚拟博物馆，讲解员对大家说“请看这只恐龙”，所有人同时都能看到。

孙　立　这个当然可以，只要他共享了自己的视野，其他人都能看到。

郝景芳　现在很多视觉识别的人工智能技术，在未来是不是也可以加入语音功能？

孙　立　相较于视觉来说，语音在某些应用上更加成熟。我们研发的产品原本就想内置麦克风，接入第三方平台的语音系统，但我们也在探索人机交互。大家都知道，我们在使用手机的语音交互功能时，需要在按键的同时说话，才能唤醒它。这其实是有点反人类的，但是混合现实技术产品可以做到视觉与语音协同，也就是当你戴上眼镜的时候，看到什么位置都会视觉共享，可以像现实生活中一样正常对话，不再需要通过按键才能唤醒语音系统，可以直接跟虚拟助手沟通，这才是自然的语音交互。比如未来有一个虚拟助手随时陪伴，你有什么需求可以直接告诉它。

郝景芳 那我觉得未来大家有可能在空中比画，对着周围的空气说话。

孙 立 只有一个人这样，你会觉得很奇怪，但大家都这样，并且信息共享，那看着就自然多了，会变成我们生活中的一部分。从理论上讲，混合现实技术可以感应到空间位置，如果它知道旁边有人，就可以让虚拟助手移开或退出。

我们日常生活中使用的眼镜，最大的面积就是镜片部分，我们一直在研究一种新技术，让镜片不仅有显示功能，还能计算，这是一个新的技术方向，叫光计算。但镜片的主要材质是玻璃，我们的所有计算都发生在CPU上，也就是硅（玻璃的主要成分是二氧化硅），那要如何完成计算呢？需要通过光的方式计算。现在已经有人在研究光计算跟人工智能结合的技术了，未来镜片不仅具备显示功能，也是一个CPU。

郝景芳 现在5G技术发展越来越快，如果计算后直接云传输呢？

孙 立 这样不太可行，你要知道5G技术本身就需要计算，5G的射频本身就是一种性能消耗，在传送云端的过程中，数据还需要有传输和解码的过程。5G技术可以把很多内容搬运到云端，但是一些基础的编解码功能，一些算法交互上的功能还无法搬运。目前来说，已经有很多内容都上传了云端，就像刚才提到的，如果渲染一只非常真实的恐龙，具体到每一处皮肤细节，可以云渲染，以视频形式传输回来，但是传输回来后很可能需要视频解码。所以，本地功能一定要保留。一些对实时性要求特别高的内容，比如个人位置、交互信息等，如果都要搬运至云端再传送回来，很可能会有延迟。

2 混合现实时代的社会革新

混合现实技术的产品，为学生们提供了一种奇妙的上课体验，但在设计上需要考虑适配性。

郝景芳 产品也在代代革新，目前应用在哪些领域？

孙 立 除了前面提到的那些领域，教学课程也会使用。比如数学、物理等课程，只看书本，听老师讲授的话，学生可能会感受不到一些比较抽象的概念。如果有立体模型示范，学生可能马上就会理解。我们之前在上海的一所学校做 α 粒子散射的实验，这本身是个放射性实验，在中学里做并不方便。那么使用混合现实的方式进行模拟，学生们就可以同时看到一个巨大的原子核，甚至可以交互，虚拟地去投掷这个 α 粒子，然后有的是碰到了核外电子，发生了偏转，有的碰到了原子核，然后发生反弹，可以很形象地把实验模拟出来。

郝景芳　我自己也在做儿童教育，比如虚拟形式的太空学院，我认为如果真的可以应用到教育领域，能让孩子们看到那些奇妙的太空景象，感受科学变化，是非常好的。但是混合现实技术的虚拟眼镜，如果提供给学生使用，从设计上就需要考虑适配性。

孙　立　现在的产品对头围的兼容性很好，无论是儿童还是成年人都可以佩戴，现在在教育、工业、医疗和文化旅游等领域都有不同程度的应用。我们会不断尝试、研究，让产品变得更加轻便。比如，用光栅镜片取代传统的几何光学镜片，这是一种新的衍射光学方式，把光路原本需要的几个透镜，全部压缩到一片玻璃里，使其减少非常多的重量和空间，光学部分可能就减少了有二三十克。另外，芯片也使用更高级的计算芯片，所以整个重量又减少了近 50 克，进一步接近普通眼镜大小。但仍然会面临一些问题，比如产品的续航功能。目前来说，能源方面好像还没有特别好的解决办法，可以考虑接一个外置的电源，或者使用外挂电池来解决能源问题。

郝景芳　要是有无线充电功能就好了。

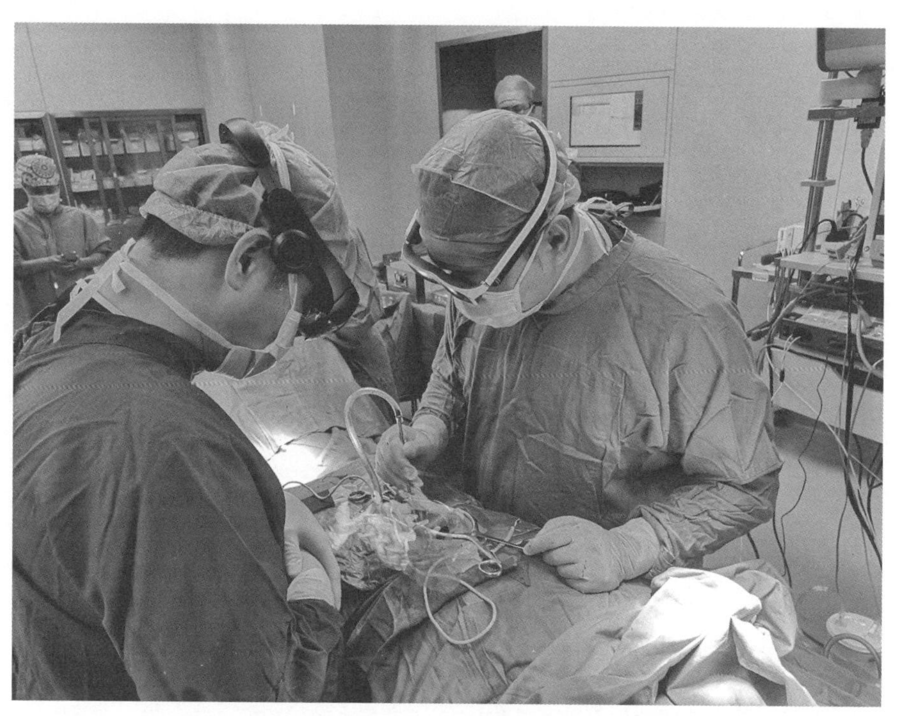

5G支持下，远程应用混合现实手术导航系统辅助医务人员实施脊柱外科手术

孙　立　无线充电倒也不是不可能，只不过现在能效比还是太差，甚至用电比充电快。所以，要先把能效比提上去，等什么时候它的功耗变少了，再考虑无线充电。至少供需平衡才能够持续使用。

“互联网是有记忆的”，在未来的混合现实技术时代，个人隐私安全仍面临严峻考验。

郝景芳　但是说实话，有了这副眼镜以后，我可能会产生一点不安。假设未来有一个人戴着眼镜朝我走来，而数据的隐私保护得并不是很好，我会担心他看到我的个人信息，就像点开一个人的朋友圈一样。

孙　立　其实国外一直有人在研究大环境下的个人隐私问题。这不仅仅是个人隐私问题，还有信息滥用问题，两个问题都很重要。个人隐私的话，可以自己设置权限，你愿意共享哪些信息给对方，他的眼镜就只能看到那些。无论是产品开发，还是共有平台，都该有一种监管标准让我们达成共识。

而信息滥用这种事情，在互联网时代已经发生了。我们看手机时经常会看到各种各样的广告，这些可能都与个人隐私息息相关。如果你在网上用关键词搜索某样东西，也会弹出与之相关的广告。试想一下，在混合现实时代，这些广告就出现在使用者的眼前，会有一定的危险。如果使用时凭空弹出一条广告，那使用者可能会吓一跳。

郝景芳 对，有句话叫“互联网是有记忆的”。如果你曾在公共场合注册过自己的信息，那么混合现实时代也有可能出现这种情况，比如我在逛街时迎面走来一个陌生人，虚拟助手就会提示我，这个人曾经在网上给过我负面评论等。每个人的眼镜里都出现了很多其他人的信息，想想是不是有点可怕？

孙　立 对，这可能不是纯技术问题了，而是伦理道德问题。每个不同的时代都会遇到类似的情况，互联网刚出现的时候肯定也有过争议，我相信人类社会能处理好这些关系。对于我们来讲，更重要的是先去实现，再把这些技术合理化、人性化，使其真正有益于人类生活以及社会生产的方方面面。而社会伦理道德以及规则制定等，需要在不断发展的过程中共同解决。

郝景芳 刚才您提到一个核心的生态壁垒，比如手机的应用商城，上面有几十万开发者。如果定位一家餐馆，需要导航性质的应用程序，以及您提到的人工智能技术辅助等，这就意味着，需要邀请许多合作方一同参与产品开发。

孙　立 是的，其实现如今该领域已经逐步形成了这样一个生

态，越来越多的软件开发者，已经看到了混合现实技术在未来的发展潜能，会主动尝试在产品上进行一些内容的二次开发。

当人们模糊了虚拟和真实的边界时，究竟哪个才是更重要的？

郝景芳 说到未来趋势，我有非常好奇的地方，其中一个是技术层面的问题，目前这款眼镜能给予的感官体验主要集中在视觉、听觉，那有可能会延伸到味觉、触觉吗？

孙　立 我认为分两方面。味觉、触觉从功能上来说是极有可能实现的，甚至可以说味觉已经实现了。我之前去过一家味觉电影院，观影时会在你脖颈处挂一个东西，里面搭配了几百种气味，在不同场景出现时，里面的气味会散发出来，给人奇妙的观影体验。触觉的话，如果我戴上智能手套，身穿智能盔甲等，就有可能体验到被击打的感觉。基本上，这些功能已经不同程度地实现了，但仍然需要穿戴外部设备。就像玩游戏，如果一个高端的游戏玩家配备了几十万元的游戏设备，游戏体验肯定相当好，但是大部分用户还是选择客户端手游（手机游戏）。这种现象与你提的问题很类似。如果是深度用户，他完全可以选择全套装备，参与那种非常重度、有体感、有触觉的游戏，而大部分人可能会选择戴上一副普通的混合现实眼镜，实现一些正常的交互，但是可能不会有那么强烈的沉浸感、刺激感。

郝景芳 还有一个非技术层面的问题，可能也是大家经常面临的一个问题。比如电子游戏刚刚进入市场的时候，会被冠以“电子鸦片”之称。之后智能手机崛起，功能增多，又有“手机浪费精力”的言论出现。那像混合现实这么酷的产品技术，一旦成熟至几乎渗透日常生活的各个方面，肯定也会对人们的行为方式产生影响。您认为在推广过程中，会有这方面的舆论压力吗？

孙　立 我想一定会有的，而且可能会比电子游戏、手游等遇到的阻力更大。

郝景芳 因为它的上瘾程度和沉浸感体验更深刻。

孙　立 是的，像之前的一款大热手游Pokeman Go（宝可梦Go），基于手机屏幕体验、识别地理位置等，可以让你在日常生活的各个地方“捕获”精灵宝可梦，当时就在社会上引起了一些舆论争议。比如有人因为抓“宠物”一不小心掉进河里，还有人居然聚集到一些军事禁区抓“宠物”，因为显示那里有稀有宠物。如果以后戴上混合现实技术的眼镜，也有一款体验抓“宠物”乐趣的游戏，你只顾着玩乐而不注意眼前，就很容易遭遇危险。

郝景芳 对，还有一种可能性，如果一个人总是和虚拟的人物、宠物等交流，就很容易忽略现实生活中的人。现在就是这样，很多时候一家人聚餐吃饭，大都在低头玩手机，以后可能就成了每个人在跟自己的虚拟伙伴聊天，对着空气聊天。甚至教师在台上讲课，有学生在跟自己的虚拟同桌聊天，不认真听讲。当然这只是一些大胆的想象，我想表达的意思是，当人们模糊了虚拟和真实的边界时，到底哪个才是更重要的？可能现实世界里发生的大部分真实，会很容易被忽略，甚至被视而不见，虚拟世界则很容易做得非常刺激、精彩，让人心想事成，随心所欲。

孙　立 是的，我认为这个问题切实存在。记得小时候玩单机游戏《仙剑奇侠传》，虽然明明知道只是一个游戏，但还是会不由自主地将情感代入其中，甚至有很长一段时间，会因为其中的一些游戏剧情设定而伤心。那在混合现实时代，如果一个真人大小的角色直接出现在我面前，与我一起经历游戏中的人和事，这种感觉是无法言说的。就像有些人会疯狂迷恋二次元世界中的虚拟偶像，这是一种情感的投射。我认为你说的现象，日后发生的概率真的很高。社交方式也会因此发生变化，你遇到的网友可能是一个真人化的虚拟形象，你甚至可能会跟这个虚拟人物产生感情。当这种情况真的出现时，可想而知会给现实社会带来多么震撼的冲击。

3 未来的混合现实世界，2.5 次元悄然开启

“第四面墙”[3]正在消失，虚拟影像、二次元已经令人为之兴奋，2.5 次元就更是沉浸其中了。

郝景芳 所以我们聊到未来，当大家都沉浸在这样的混合现实世界里时，会产生一种可能性，即我对混合现实世界里的人的好感、热情度，远超过真实世界。在混合现实世界里，我可以跟任意一个帅哥、美女做朋友，甚至自己就是舞台中心的人，但在现实世界里很可能没有这么自在。甚至会有越来越多的人对现实生活提不起兴趣，反而会找虚拟伴侣体验不一样的人生。

孙　立 日本曾有一部跟虚拟现实相关的动画片《刀剑神域》，

其实跟你说的情况有些类似，只不过其设定是现实世界中的人进入游戏中扮演虚拟角色。按照现在的发展趋势，真有可能出现这种情况，你不只是在现实中跟某个虚拟角色碰面，而是在虚拟世界中跟某个虚拟的角色产生情感联系，它可能就是一个人工智能。刚才我们一直提到人工智能的发展，对吧？随着强人工智能的发展，会不会真的出现有知觉、自我意识的机器人？到了那个时候，它在现实生活中与人类朝夕相伴的可能性非常大。

郝景芳 如果真是这样的话，可能直播平台方式都跟现在完全不同了，主播们会直接用3D形象展示自己，观众在看直播的同时，仿佛就跟主播坐在一起呢。

孙　立 随着新技术的到来，媒体形态很可能会发生变化，很多直播视频流会变成3D视频流，包括人们观看比赛，可能就变成了一场3D秀，看的人有身临其境的参与感。不是我坐在屏幕前看你，而是我就像在现场一样在你的旁边。

郝景芳 感觉“第四面墙”就消失了，明明主播在广州直播吃美食，但看的人哪怕是在家里坐着，也能看到食物就在他面前，虽然是虚拟影像，但足以令人垂涎欲滴。现在的二次元世界令人为之兴奋，2.5次元就更是令人沉浸其中了。

孙　立　被3D化的虚拟角色，暂时可以被称为来自2.5次元的人，这种虚实结合的产品，本身会越来越多。

郝景芳　所以，虚拟现实、混合现实这两种技术，很可能会给娱乐影视内容制作带去新的刺激、变化。当下的影视作品大多在一个维度世界里呈现，更多的是屏幕里人与人之间的故事，角色之间的对话方式、情感呈现等都是在屏幕之内完成的。如果是混合现实技术下衍生的影视作品，很可能就变成虚拟角色和使用者之间发生的故事，虚拟角色与身为主人公的“我”产生交互感，进而出现更多代入第一视角的娱乐内容，有点像线下的那种沉浸式戏剧。

孙　立　是的，有一种视频技术形态叫自由视角。我们此前一直在讨论一个问题，如果是在自由视角下诞生的电影，它的主人公，又或者是作为观察者的“我”，还能不能影响情节发展？如果真的能影响，那就不是传统意义上的电影了，而接近游戏了。

郝景芳　如果有一定的选项空间，就可以影响情节发展，游戏也是一样。

孙　立　对，现在很多影视作品会设置开放式结局，未来影视作品的结局，可能会根据用户喜好而定，用户选择决定了结局走向。

全息教学空间下的数字内容可视化示意

郝景芳 那这样的话，岂不是“宅文化”发展更甚，非工作日不出门了？到目前为止，有娱乐行业参与混合现实技术二代产品的内容创作吗？

孙　立 有一款偏向教育类的游戏正在孵化，娱乐性质的话需要更多用户拥有这样的设备才比较好实现。如果是推行教育领域的内容，就可以在学校里投入使用。如果想让更多人使用它，成本价格能降低的话，我相信会有更多人选择购买。最新的二代产品价格约等于一部高端的智能手机，如果它真的可以给我们带来不一样的体验，我想它也会成为不少人的选择。

混合现实技术，有可能会成为未来日常生活的刚性需求。

郝景芳 其实可以往更远的未来想一想，现在混合现实技术的二代产品，载体是一副眼镜，那么再过 50 年、100 年，当载体发生新的变化，混合现实技术会不会也能成为我们日常生活的刚性需求？

孙　立 我觉得 50 年后应该就不需要这些了，隐形眼镜也不需要了。现在埃隆·马斯克已经在做脑机接口相关方面的研究，《黑客帝国》的场景很可能会在现实中上演。

我认为，还要掌握人机交互的度量，人类不能成为机器人的附属品或者奴隶。所以目前为止，以眼镜作为载体可能还是一个比较好的方式，可以随用随摘。至于隐形眼镜的替代品，我觉得完全不需要 50 年，可能 20 年后就可以做到。

郝景芳　真的吗？这还挺出乎我的意料。

孙　立　有团队在研发，一些底层的基础技术已经在开发了。

郝景芳　其实这里核心的基础原理，就是把一个芯片上面的东西通过光学投到眼睛里，它跟整个人的生理是有交互的。所以其实从神经科学的角度来讲，像这样的光投到眼睛里，我们就认为是真实的，因为眼见为实。但实际上，技术已经发展到可以把任意的东西通过镜片投到你的眼睛里，这就产生了一个新的问题，未来我们还能相信“眼见为实”吗？我们的大脑还能不能区分什么是真、什么是假？

孙　立　你刚才说的这些让我想到一部科幻小说《乡村教师》，里面有一处设定非常有意思，即外星文明的记忆是可以遗传的，然而人类的记忆不能遗传，只能通过语言沟通，言传身教地传递给下一代。可能由于技术或者生理构造，外星文明体可以把自己的知识直接遗传到下一代身上。我在想，如果知识真的可以被遗传，又会是怎样的？

郝景芳 就像现在有人做全脑扫描。通过这个技术可以将脑内所连接结构扫描至电子计算机，将计算机里形成的虚拟大脑放置到一个机器人身上，或者是放到另一个个体身上，可能就算复制了第一个大脑。

孙　立 这是复制到机器上面，还不算是人类遗传。

郝景芳 是的，如果把大脑直接复制到后代身上，可能就会有道德伦理上的问题。

孙　立 机器学习里面有一项非常重要的技术，叫迁移学习，就是把一台机器所学的东西迁移到另一个神经网络架构里面，后者便可以继承机器学习的经验。

郝景芳 不过这倒确实提醒了我，虽然遗传记忆可能很难实现，但如果是体验另一个人的思想、另一种记忆，混合现实技术的二代产品要是可以保存的话，那就可以复制到另一个人身上，只要他戴上眼镜就能够体验。

孙　立 我看过一部类似的电影《记忆传授人》，大概就讲了这样的一个故事，我觉得待技术成熟，确实可以靠这样的方式传递记忆。

郝景芳 其实说起来，用眼镜做产品还有一个很好的功能，就是随看随拍，人都不用拿相机了。

孙　立 这是比较基础和简单的一个功能，更重要的是，我们现在把所有的相机和传感器升级成3D的，也就是它拍出来的东西是真正立体的。如果用现有的手机拍摄，还是一个平面视角，拍到什么样子就是什么样子，但是3D的感觉不同。在你拍照以后，它会解构成3D信息，虽然是从一个角度去拍的，但是看的人可以看到任意视角。但是，至少要收集到光谱信息。

郝景芳 如果真有这样的虚拟世界，一个人仿佛能够进入另一个人的世界。

孙　立 对，至少是全新的体验吧，很多人都想尝试一下。

郝景芳 我自己还挺想"穿越"到历史中去生活的。

孙　立 我觉得，我们现在的生活状态，也会以历史的方式被各种各样的信息记录下来。二三十年后出生的人，会好奇现在的生活是什么样的。我们现在可能没有办法真的回到唐朝，只能模拟，通过计算机假设，但是你体验不到实际发生的故事。未来我觉得倒是有可能的，我们的眼镜未来可能会有记录功能，室外公共场合的摄像头由2D慢慢地升级成3D模式，也可能是全息技术。随着技术发展，我们能有更多空间容纳存储信息。

个人怎么控制信息的筛选，这在以后会成为一个社会性问题。

郝景芳　所以，又回到一个本质问题，假如未来我们可以获取各种各样的信息，那还能够筛选出对于我们来说最宝贵的信息吗？又或者说，我们会不会被海量的信息淹没？

孙　立　这个问题其实我曾经思考过。现在信息越来越多，而且很多信息都是通过人工智能的大数据方式推算的，那现在我们要反其道而行之，做一个新的人工智能系统筛选出我们真正想要的信息。

郝景芳　相当于"信息茧房"，如果你有某一种观点，可能在网上看到的文章全是与你观点相似的内容，会不断地被推送这类信息，慢慢就会和越来越多的跟你有同样观点的人聚集在一起。这可能会产生一种极端化的效果。那未来这种情况有可能会更甚，每个人眼里看到的世界完全不一样。

孙　立　对，会越来越极端。

郝景芳　这种情况下，其实也有可能增加人与人之间的仇恨，会把极端立场的人越来越多地集中到一起。

孙　立　这其实并不取决于产品本身，还是取决于个人怎么控制信息的筛选。这在以后会成为一个社会性问题，但是在现阶段至少我们会有这样一种意识。虽然还停留在讨论阶段，但有此想法就可以防范。或者说在未来的技术发展过程中，可以避免一些问题。很多类似的讨论已经开始，比如一些隐私问题的防范。这些都不算是真正意义上的技术问题，而是社会伦理道德问题。

郝景芳　我很同意您说的，技术本身是中立的，它只是一个工具，关键还要看人们怎样利用这样的技术。所有技术其实都是双刃剑，可能会让这个世界变得越来越可怕、越来越糟糕，也可能会帮助这个世界解决很多问题。现在进行这样的讨论，也是提醒大家不断地去反思。哪怕没有这项技术，在今天的互联网时代，也会出现这种极端的对立观点，有些人很容易在网络上相互攻击，成了隐藏的“键盘侠”等。其实应该反思的是我们自己，人类今天如何面对互联网，也会决定我们未来如何面对这样的混合现实世界。其实无论何时，有这种清醒的反思都是更有好处的。

孙　立　自己要有独立思考、判断的能力。

郝景芳　是的，这才是我们身为人类真正的精髓，就是拥有自我反思的能力。与机器相比，人类的“高明”之处也正是在这里。

文中相关注释：

①FOV，在光学工程中又称视场，视场角的大小决定了光学仪器的视野范围。

②光栅，由大量等宽等间距的平行狭缝构成的光学器件，结合数码科技与传统印刷的技术，能在特制的胶片上显现不同的特殊效果。

③第四面墙，也叫第四堵墙，属戏剧术语，是指一面在传统三壁镜框式舞台中虚构的“墙”。也用于游戏中，代表着游戏和现实的分割。

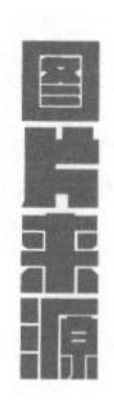

图片来源

第一章

1. https://www.flickr.com/photos/crimsonninjagirl/4094812230/ (作者：Christina Xu)
2. https://www.bnext.com.tw/article/55680/alphago–lee–se–dol–retire
3. https://bii.ia.ac.cn/braincog
4. https://bii.ia.ac.cn/braincog/
5. By IMP Awards, https://en.wikipedia.org/w/index.php?curid=61012053

第三章

6. https://commons.wikimedia.org/w/index.php?curid=99400217（作者：Jared Krahn）
7. https://en.wikipedia.org/wiki/From_the_Earth_to_the_Moon#/media/File:From_the_Earth_to_the_Moon_Jules_Verne.jpg
8. https://commons.wikimedia.org/w/index.php?curid=92545716（作者：中国新闻社）
9. https://www.theverge.com/2021/3/2/22309546/japanese-billionaire-maezawa-dear-moon-spacex

第四章

10. https://zh.wikipedia.org/wiki/%E6%9F%93%E8%89%B2%E4%BD%93#/media/File:Chromosome_zh.svg
11. https://upload.wikimedia.org/wikipedia/commons/8/83/Celltypes.svg

第五章

12. https://commons.wikimedia.org/w/index.php?curid=124722（作者：Y tambe）
13. https://commons.wikimedia.org/w/index.php?curid=104228 (Bijcredit Rocky Mountain Laboratories, NIAID NIH-NIAID)

第六章

14. https://commons.wikimedia.org/w/index.php?curid=35999206
15. By Richard Greenhill and Hugo Elias of the Shadow Robot Company (edited by DooFi upon request on de.wikipedia.org) - This file was derived from: Shadow Hand Bulb large.jpg, CC BY-SA 3.0, https://commons.wikimedia.org/w/index.php?curid=5108646
16. https://commons.wikimedia.org/w/index.php?curid=15886193
17. By Steve Jurvetson-https://www.flickr.com/photos/jurvetson/ 13480667874/, CC BY 2.0, https://commons.wikimedia.org/w/index.php?curid=32568854

第七章

18. https://www.technologyreview.com/2015/06/05/167791/a-transformer-

wins-darpas-2-million-robotics-challenge/

第八章

19. By Images: Nissim Benvenisty - Russo E. (2005) Follow the Money—The Politics of Embryonic Stem Cell Research. PLoS Biol 3(7): e234. doi:10.1371/journal.pbio.0030234, CC BY 2.5, https://commons.wikimedia.org/w/index.php?curid=1430210
20. By Images: Nissim Benvenisty - Russo E. (2005) Follow the Money—The Politics of Embryonic Stem Cell Research. PLoS Biol 3(7): e234. doi:10.1371/journal.pbio.0030234, CC BY 2.5, https://commons.wikimedia.org/w/index.php?curid=1430210
21. By Fvasconcellos (talk contribs) - Own work, after PDB 5X8M. More information:(July 2017). "Molecular mechanism of PD-1/PD-L1 blockade via anti-PD-L1 antibodies atezolizumab and durvalumab". Sci Rep 7 (1): 5532. DOI:10.1038/s41598-017-06002-8. PMID 28717238. PMC: 5514103., Public Domain, https://commons.wikimedia.org/w/index.php?curid=95837078

第九章

22. https://commons.wikimedia.org/w/index.php?curid=3907047